环保公益性行业科研专项经费项目（201209034）资助

干旱沙漠自然保护区生态系统稳定性评估技术

高 翔 著

中国环境出版社·北京

图书在版编目（CIP）数据

干旱沙漠自然保护区生态系统稳定性评估技术/
高翔著. —北京：中国环境出版社，2017.12
（环保公益性行业科研专项经费项目系列丛书）
ISBN 978-7-5111-3387-8

Ⅰ. ①干…　Ⅱ. ①高…　Ⅲ. ①沙漠—自然保护区—生态系—稳定性—评估　Ⅳ. ①P941.73②Q146

中国版本图书馆 CIP 数据核字（2017）第 264748 号

出 版 人　武德凯
责任编辑　周艳萍　付江平
责任校对　尹　芳
封面设计　宋　瑞

出版发行　中国环境出版社
（100062　北京市东城区广渠门内大街 16 号）
网　　址：http://www.cesp.com.cn
电子邮箱：bjgl@cesp.com.cn
联系电话：010-67112765（编辑管理部）
发行热线：010-67125803，010-67113405（传真）
印　　刷　北京建宏印刷有限公司
经　　销　各地新华书店
版　　次　2017 年 12 月第 1 版
印　　次　2017 年 12 月第 1 次印刷
开　　本　787×960　1/16
印　　张　12
字　　数　210 千字
定　　价　40.00 元

前言

干旱荒漠生态系统是全球生态系统的重要类型之一，是保障干旱区生态安全的根本基础。我国沙漠地区多处于干旱、半干旱乃至半湿润气候带，分布在该地区的自然保护区超过 300 处，约占国土面积的 6%。作为脆弱生态系统的典型代表，国家把荒漠生态系统及自然历史遗迹等划出一定的面积，设置管理机构，将之作为保护和合理利用自然资源、开展科学研究工作的重要基地，无疑是维护国家生态安全和区域可持续发展的重要举措。

随着区域经济的发展、人口增加、不合理的开发建设活动以及气候变化影响，保护区生态系统呈现出结构简单、自我调节和抗逆性下降等不良现象，普遍面临沙漠化的巨大威胁。如何改善和修复乃至重建受损生态系统，如何维持人工及人工—自然复合生态系统的可持续发展等，成了摆在全球生态学家、各国政府部门以及各种生产团体与个人面前的一个极其重要的问题。这些问题，究其本质，就是生态系统的稳定性问题。随着对生态系统稳定性研究的深入，越来越多的人认识到：保护自然生态系统，使其处于健康、稳定的状态是开发与利用自然生态系统的前提；使受损生态系统重新达到稳定状态应该是生态系统修复和重建的主要目标；而正确管理人工生态系统，以维持其生态稳定性是实现人工生态系统的可持续发展的基础。

稳定性是生态系统的重要特征之一，也是决定生态系统兴亡的重要特征。由于生态系统与自然环境间紧密联系，生态系统内部各组分非线性关联，系统状态的涨落特征以及系统内部的时空异质性等复杂特征，使得生态系统的稳定性研究面临许多困难。目前对生态系统稳定性的理解和判别方法等仍处于广泛讨论的起步阶段，需要大量的理论指导和技术支持。因此，从生态系统的基本特征出发，深入探讨生态系统稳定性及其判别方法，不仅具有重要的理论意义，对国民生产与可持续发展也有较重要的实践指导意义。

本书研究了干旱沙漠自然保护区生态系统稳定性评价指标体系构建与评价方法，并总结了国内外生态系统稳定性评价工作经验，希望通过探索研究和实践论证，完善和创新我国干旱沙漠自然保护区生态稳定性评价技术。全书共分 11 章，第 1～第 2 章阐述相关内涵、理论及稳定性影响因素；第 3～第 5 章为干旱沙漠自然保护区生态系统稳定性评估技术，包括总则、指标体系构建、评估方法确定；第 6 章为评估数据的获取与管理；第 7 章为示范评估区概况；第 8～第 10 章为示范评估区不同尺度的生态系统稳定性评估；第 11 章为促进保护区生态稳定性与可持续发展的策略。

本书在国家公益性行业（环保）科研专项“干旱沙漠自然保护区生态稳定性评估与社会服务功能研究”（项目编号 201209034）资助下完成。感谢兰州大学资源环境学院王乃昂教授、张建明教授、王文瑞副教授、程弘毅副教授、黄银洲副教授、年雁云副教授、姜红梅老师及宁夏中卫沙坡头国家级自然保护区管理局的大力支持，也感谢中国环境出版社的编辑老师对本书的出版付出的辛苦。书中涉及的调研、图件制作及数据处理部分由研究生王旭、曹蕾、张进虎、孙杰等完成，也一并致谢。

囿于作者水平及视野，书中不足之处在所难免，敬请广大读者批评指正。

作　者

2017 年 8 月

目　录

第1章 概 述

1.1 生态系统稳定性内涵发展与分类

美国植物生态学家 Robert MacArthur 1955 年首次提出群落稳定性的概念，其含义指一个群落内种类组成和种群大小保持恒定不变。他研究时发现一些群落的物种保持恒定，而在另一些群落中则表现出很大的变化，于是他把前者称为稳定的群落，把后者称为不稳定的群落，并认为自然群落的稳定性取决于物种的多少和种间相互作用大小两个因素，且物种的多少对稳定性的作用是基本的，而种间相互作用只起补充作用。他同时还定义了一个计算群落稳定性的公式，尽管后来被认为没有实际意义。英国动物生态学家 Charles Sutherland Elton 1958 年也提出一个与 MacArthur 类似的概念。他根据对物种侵入的研究，认为一个相对简单的植物或动物群落更易于受毁灭性的种群波动的影响，而对外来物种侵入的抵御能力较弱，也就是说一个稳定的群落不易受外来种的侵入，其结果也是种类组成和种群大小维持恒定。

MacArthur 与 Elton 把稳定性定义为种群与群落抵抗干扰的能力，是一个比较笼统的概念。而 May（1973）和 Orians（1974）则把生态系统稳定性定义为系统对干扰反应的两个方面，即受干扰后，生态系统抵抗离开动态的能力，以及在干扰消除后，生态系统的恢复能力。把生态系统对干扰的第一种反应定义为阻抗力（resistance），又称为惯性，而把生态系统对干扰的第二种反应定义为恢复力（resilience）。

此后各国生态学家从不同的角度对其进行概念化，并就稳定性理论及稳定性与生物多样性的关系问题展开了激烈的争论，但由于该问题的复杂性，一直未能达成共识。Pimm（1984）统计总结出了生态系统稳定性的 45 种不同的含义，而 Volker 的统计，稳定性的概念则有 163 个不同定义。鉴于此，人们开始对该项研究的必要性产生了动摇，甚至怀疑生态系统的稳定性是一个不适于研究的问题。然而，作为一个系统，其稳定性是不容回避的重要研究内容。

1.1.1 稳定性基本内涵与类型

生态系统的稳定性不仅与生态系统的结构、功能和进化特征有关，而且与外界干扰的强度和特征有关，是一个比较复杂的概念。Sennhauser（1991）认为稳定性的概念可分为三个基本类型：①群落或生态系统受到干扰后回到原来状态的能力，即恢复力稳定性；②群落或生态系统在受到干扰后维持其原来结构和功能状态、抵抗干扰的能力，即抵抗力稳定性；③群落或生态系统在达到演替顶级后出现的能够进行自我更新和维持并使群落的结构、功能长期保持在一个较高水平的能力，即演替稳定性。其中结构是指群落的物种组成，特别是优势种的种群稳定；功能指物质和养分循环、生物量和生产力等。生态系统对干扰的抵抗和恢复速度，即抵抗力和恢复力是生态系统稳定性的两个重要的保障因素。

抵抗力稳定性与恢复力稳定性是相关的，抵抗力稳定性高的生态系统，其恢复力稳定性低。也就是说，抵抗力稳定性与恢复力稳定性一般呈相反的关系。但是这一看法并不完全合理，如热带雨林大都具有很强的抵抗力稳定性，因为它们的物种组成十分丰富，结构比较复杂，但在热带雨林受到一定强度的破坏后，恢复的时间会十分漫长。相反，对于极地苔原（冻原）来说，由于其物种组分单一、结构简单，它的抵抗力稳定性很低，在遭到过度放牧、火灾等干扰后，就会很快恢复。因此，直接将抵抗力稳定性与恢复力稳定性比较，可能这种分析本身就不合适。如果要对一个生态系统的两个方面进行说明，则必须强调它们所处的具体环境条件。一般情况下（人工生态系统不在考虑之列），环境条件好，生态系统的恢复力稳定性较高，反之亦然。

生态系统对干扰的反应不仅包括生态系统对外界干扰的抵抗能力和干扰消失后的恢复能力，而且还包括生态系统所能承受外界干扰的阈值，而干扰阈值更能体现生态系统的特征。因此生态系统稳定性是不超过生态阈值条件下的生态系统敏感性和恢复力（见图 1.1）。

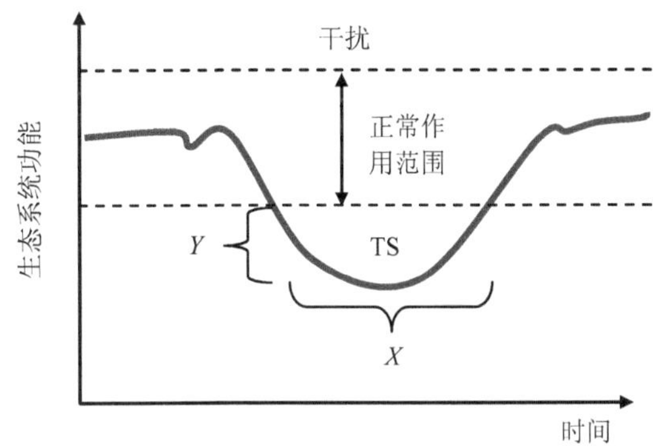

X—恢复到原状态所需时间；越大，恢复力稳定性越弱，反之越强；

Y—外来干扰导致偏离大小；越大，抵抗力稳定性越弱，反之越强；

TS—曲线与正常范围之间围成的面积，即总稳定性定量指标；越大总稳定性越弱。

图 1.1 生态系统抵抗力、恢复力及总稳定性关系

1.1.2 演替稳定性

在自然界，生态系统抵抗力稳定性与恢复力稳定性是稳定性的两个主要成分，也是最容易观察和识别的现象，多年来这种观点为多数学者所接受（Pimm S. L.，1984、1993）。但除此之外，生态系统稳定性还应包括演替稳定性的内涵与形式。

演替是生物界最常见的自然现象之一，早在 20 世纪 20 年代，Clemnts 就开始了系统的演替研究，但至今尚未形成一个统一的演替模式。传统理论认为演替趋势之一是由不稳定到稳定，即只有顶级群落才是稳定的（Odum E.P.，1983），但有学者则认为不同的演替阶段有不同的稳定性（Kimmins J.P.，1992）。特别是自 20 世纪 90 年代以来，生态学界尝试从生态系统冗余视角探讨其稳定性（Lawton J.H.，et al.，1996；Yachi S. and Loreau M.，1999）。

植物群落的演替本质上是一个连续不断的物种或个体的冗余补充过程。同时也是群落的冗余结构由简单并联结构最终发展为多重并联结构的过程。

（1）植物群落的演替是组分在其并联结构上重组；群落的稳定性是冗余结构

的稳定性；群落的冗余结构靠冗余补充来维持。

（2）每个演替阶段都是稳定的群落：大量研究表明，群落受干扰破坏后，其物种的丰富度、多度、分布格局等不可能恢复到与原群落完全一样，这意味着群落的演替过程不是一个去寻找稳定性的过程，或由不稳定状态向稳定状态发展的过程。因此，并非只有演替顶极才具有稳定性，而是从演替一开始，稳定性就已经存在了，只不过外部形式不一样而已。演替阶段群落与顶极群落的区别仅在于冗余结构的复杂程度和冗余补充速度。演替早期的冗余结构以简单并联结构和快速的冗余补充为特征，顶极群落以多重并联结构和缓慢的冗余补充为特征（党承林，2001）。

1.1.3 基于其他内涵的稳定性分类

从内涵上来说，描述稳定性的概念主要有：

（1）恒定性（constancy） 指生态系统的物种数量、种类组成、群落生态型及物理环境的特征保持恒定。从定义可看出这是一种绝对稳定的概念，但在自然界几乎不存在。

（2）持久性（persistence） 指生态系统或系统某些组分在一定空间范围内保持恒定或持续存在的时间。一种群如果达到灭绝的时间比另一种群长，则认为前者更稳定。这是一种相对稳定的概念，因研究对象而异。

（3）惯性（inertia） 指生态系统在受到外界干扰（如干旱、风、病虫害、啃食等）时保持恒定和持久的能力。该定义与恒定性概念基本相同。

（4）弹性（resilience） 指生态系统受到干扰后回到原来平衡状态的速度。弹性与持久性概念类似，但更强调生态系统受到扰动后恢复原状的速度，即对干扰的缓冲能力。

（5）抗性（resistance） 指生态系统在受到扰动后产生变化的大小。

（6）变异性（variability） 指生态系统在受到扰动后种群随时间变化的大小。

（7）变幅（amplitude） 指生态系统被改变后能恢复原来状态的程度。强调其可恢复的受扰范围。

1.1.4 基于外延的稳定性分类

从外延来说稳定性可分为以下几类：

（1）局部稳定性（local stability） 系统受到较小的干扰后仍能恢复到原来的平衡，而受到较大的扰动后无法回到原来平衡点，则称该平衡点的稳定为局部稳定，或邻近稳定（neighborhood stability）。

（2）全局稳定性（overall stability） 系统受到较大的扰动后远离平衡点，但最终仍能恢复到原来的平衡点，则该系统是全局稳定的。

（3）结构稳定性（structure stability） 在系统状态方程里，参数的变化（扰动引起），可通过转移矩阵的传递，在解空间里反映出来。当数学解在空间上的变化可以忽略时，便说明该系统传递矩阵性能较好，因而称该系统为结构稳定。

（4）循环稳定性（cycle stability） 指系统围绕一个中心点或区域循环或振动。循环稳定是一种重要的生态学过程，例如，许多“捕食者 — 猎物”系统就具有这种特性，其模式称为稳定极限环（stable limit stability）。

（5）轨道稳定性（trajectory stability） 指一个系统不管其起点如何，总是向着某终点或终极域移动的特性。例如，在植物群落演替中，单极状态可以由许多不同的起始点达到。

（6）物种丧失稳定性（species deletion stability） 系统丧失一个物种后，所有其他物种将维持在一个新的局部稳定的平衡点。

（7）相对稳定性（relative stability） 反映系统稳定程度的量化概念。

（8）绝对稳定性（absolute stability） 反映局部稳定和全局稳定的概念。由于生态系统的多样性和复杂性，采用一个统一的标准是不现实的。因此，对不同生态系统稳定性的表述是不同的。这些定义还有一个特点就是很难量化，因而它们之间也无法比较，造成了实际应用上的困难。

1.2 生态系统稳定性的理论基础

目前，已有不少解释群落的稳定性机制的理论，其中比较重要的有多样性或复杂性理论、反馈控制理论、食物网理论、冗余理论等。

1.2.1 多样性或复杂性理论

“生物多样性”最初指一定空间范围内多种多样的生命有机体，包括动物、植物、微生物的多样性和变异性以及物种生境的异质性，主要强调基于变异的生物世界的丰富程度。目前人们对生物多样性的理解则包括四个层次：遗传（基因）多样性、物种多样性、生态系统多样性和景观生物多样性。“生态系统复杂性”弥补了生物多样性分析实践中遇到的局限，强调了系统的动态和超越物种视角的广泛应用。此外“生态系统复杂性”研究生态系统过程及动态的多种尺度，因此生物多样性概念下静态实体所具有的数量和差异问题被整合成为生态系统复杂性研究的内容之一。生态系统复杂性理论明确强调多样性、异质性及适应性对系统宏观行为的影响，为研究非线性相互作用系统的结构、功能和动态过程提供了一个新途径（邬建国等，2002）。

MacArther 认为生态系统稳定性取决于物种的多少以及物种间的相互作用大小；Odum E.P. 进一步指出生态系统食物网能量路径的数量是群落稳定性的度量，路径越多，系统越稳定。20 世纪 70 年代以前学者普遍认为多样性是稳定性的基础。但 1972 年英国理论生态学家 Robert May 指出物种的增加将导致生态系统不稳定的可能性增加，并利用数学理论阐述了物种数、种间关系及作用强度对于系统由稳定状态转为不稳定状态的过程中所起的作用。20 世纪 90 年代后期生态学家开始利用模型模拟的手段对生态系统的多样性和稳定性的关系进行研究，认为大多数生态系统中，仅有部分物种对于生态系统的稳定性起着关键作用，而其余物种作用有限（McCann et al.，1998）。生物多样性与生态系统稳定性关系的争论源于对生态系统认知不够深入，研究方法的改进有助于二者关系的界定与理解，如利用复杂的科学工具方法论结合现代手段（定量遥感、大数据模拟）及复杂非线性模型方法等。

生态系统复杂性与稳定性关系方面，20 世纪 70 年代初期 Garder 和 Ashby（1972）应用数学模型研究，认为生态系统的复杂性导致不稳定性。May（1972）认为在数学上复杂性的增加，将削弱系统的稳定性。而在自然界，稳定性不可能肯定与营养水平的复杂性以及植物与动物的多样性有关。Doak 等（1998）

则提出多样性导致稳定性只是统计学上的必然结果，而非它们之间的必然联系。

1.2.2 反馈控制理论

从控制论的观点来看，任何一个具有使自身内部保持稳定的系统都具有某种反馈机制。生态系统或群落也像有机体一样是一个具有反馈机制的能在一定程度上保持自身稳定的系统。反馈就是构成系统的某一成分的输入和输出之间的关系。反馈分为正反馈和负反馈两种情况，正反馈指输出导致输入增加。在生物生长过程中个体越来越大，在种群持续增长过程中种群数量不断上升都属于正反馈范围。负反馈指输出导致输入减少，如种群密度制约现象。正反馈和负反馈对系统的未来功能作用截然不同，正反馈能使系统状态的偏离增加，而负反馈能使系统保持稳定。负反馈要能起到控制作用使系统稳定，系统就应具有某个特定的状态或位置点，系统就围绕该位置点进行调节。

1.2.3 食物网理论

食物网（food web）就是以图表的方式，直观地描述群落或生态系统中物种的相互作用。这种作用不是简单地描述有或无，而是有强弱之分和季节变化。食物网包含了系统中所有物种和它们之间的联结作用，食物网的复杂性与系统的物种多样性有关。MacArthur（1955）认为如果系统中物种取得营养的途径越多，则系统越稳定。May（1972）提出在平均种间相互作用强度和种间联结保持不变的情况下，群落内物种分布形成分隔（block）结构时，群落要更稳定些。Moore 和 Hunt（1988）在研究中发现群落中存在着时间分室（temporal compartmentation）和生境分室（habitat compartmentation）现象，群落是高度分隔化的。McNaughton（1978）指出群落中的物种可能按照资源关系而被分配至不同的分室里，在分室里物种间的作用强度会随着多样性的增加而降低。May（1972）的结论也是当群落中物种形成分隔结构时，即使在高度多样化的群落里，稳定性的条件也会有一定程度的放宽。Yodzis（1981）还发现没有分隔的食物网随着物种多样性的增加而变得更加脆弱，从反面证实生态系统的分隔理论。May（1972）的分隔结构及 Moore 和 Hunt（1988）的生境分室和 Korner（1993）的功能集群（functional groups）有很大的相似之处，这些概念的引入对解释群落稳定性有很大的帮助。尽管 Hasting（1988）认为食物网理论对弄清生态系统的稳定性问题并不是一个恰当的方法，但食物网理论还是深化了多样性、稳定性关系的研究。

1.2.4 冗余理论

冗余（redundancy）这一概念来源于自动控制系统可靠性理论，系统是由许多元件（成分）组成的，元件的组合方式与系统的可靠性有十分密切的关系，当某个元件因干扰而失效时，其余元件能正常工作，不会导致系统失效，即以备用元件提高系统的可靠度，称为冗余。在生态学中，Odum（1983）定义的冗余是指一种以上的物种或成分具有执行某种特定功能的能力，也就是说，一个物种和成分的失效不会造成系统功能的失效。植物群落的冗余结构是由植物的器官冗余、种群内遗传结构冗余、物种冗余和层次冗余组成的。这几种冗余在植物群落稳定性的维持中所起的作用是不一样的。植物群落的抵抗力主要来自物种冗余，层次冗余是兼性的，既有抵抗力又有恢复力，但以恢复力为主；种群的抵抗力来自于种群遗传结构冗余；植物的自我修复能力借助于器官冗余。尽管种群和植物体的冗余不属于群落水平上的冗余，但它对植物群落稳定性的维持也有重要的贡献。另外，植物体、种群和植物群落的补偿能力和自我调节能力，归根结底都属于生态学各级水平的冗余。冗余结构理论提出后，在国际上引起了热烈的讨论，虽然有的学者对物种冗余说的正确性持怀疑态度（Solbrig，1991），但另一些学者认为冗余理论在揭示植物群落稳定性机制方面比多样性导致稳定性理论更深刻，更具有普遍意义（党承林，1998）。

1.3 生态系统稳定性的深度认识

稳定性是系统的整体性之一，研究生态系统稳定性时要充分考虑生态系统的各种特征对稳定性的影响，因此，关于稳定性还有一些问题需要深入分析。

1.3.1 生态系统稳定的普遍性

首先，稳定性是系统存在的前提，正如系统定义所说：系统是由两个以上可以互相区别的要素构成的集合体；各个要素之间存在着一定的联系和相互作用，形成特定的整体结构和适应环境的特定功能。其中结构的存在和功能的实现有赖于系统的稳定性，因而有学者称稳定性是系统的重要维生机制，也有学者直接将生态系统定义为：一定空间范围内，由生物群落和其环境所组成，具有一定格局，借助于功能流（物种流、能量流、物质流、信息流和价值流）而形成的稳定系统。

其次，稳定性是系统所具有的基本特性，一个系统的存在必须以它的有序性与稳定性来表征。一个系统的状态空间如果没有任何稳定态，必定是物理上不可实现的；一个系统的结构一旦形成，就总是趋向于保持某一状态。

最后，稳定性还是系统发展的前提，新状态、新结构、新模式如果不稳定，没有能力保存自己，它也不可能取代旧状态、旧结构、旧模式。新系统只有具备稳定性机制，才能保持刚刚建立起来的结构和特性，保存已积累的信息，避免昙花一现。所以稳定性是任何生态系统都普遍具有的特征，而不是生态系统处于某些状态时才特有的。

1.3.2 生态系统稳定的相对性

生态系统稳定是一个相对的概念：

（1）从哲学的角度来看，一切事物都是处于不断发展中的，可以说物质世界不仅普遍地以系统形式存在着，而且也普遍以系统形式发展、演化着，即任何系统都不是绝对不变的。从系统理论的角度分析，任何类型的系统都不会是绝对封闭和绝对静态的，任何系统总存在于环境之中，总要与外界进行能量、物质、信息的交换，系统在这种交换过程中总是由量变达到质变，即系统的演化是绝对的，而系统的稳定性是相对的。

（2）从生态系统耗散结构特征的角度来看，生态系统是一个远离平衡态的开放系统，通过不断地与外界交换物质与能量，在外界条件的变化达到一定阈值时，能从原来的无序状态转变为在时间上、空间上或功能上的有序状态；当外界环境继续改变时，还会出现一系列新的结构状态。因而其稳定性不是一直保持不变的，是会在外界环境变化或自身的波动下发生失稳的系统。生态系统是处于不断演化之中的，生态系统的稳定性也是相对的，即任一生态系统的稳定性是有条件的。

所以，对于生态系统稳定性研究，不适合用普适的、绝对的时空尺度对它进行分析，而应该在特定的、实在的时空尺度中研究相应系统的稳定性。

1.3.3 多样性与稳定性

生态学家们对“多样性能否指示生态系统稳定性”的问题争论已久，目前仍没有统一的结论。用多样性分析稳定性可能存在两方面问题：

1．以生物特征作为评价指标

严格来说，在生态学中多样性包括多个组织层次：基因多样性、物种多样性、生态系统多样性。而在关于多样性与稳定性的讨论中多样性大都是指物种多样性。

关于这个问题，学者们提出了多种理论，如冗余理论、食物网理论等来支持各自的观点，但这些都只是围绕生态系统中的生物要素来讨论的。虽然生物在生态系统中很重要，它的一些特征也往往是生物与非生物组分相互作用后产生的，但并不与非生物组分时时处处对应，更不能反映生物与非生物组分间的协同程度或生态系统的整体特征。

2．忽略了生态系统内部的非线性机制

生态系统中要素、组分间具有非线性联系，而非线性联系对生态系统维持稳定意义重大。如某一生物种群在其环境压力下形成的逻辑斯蒂增长形式就是系统内部的一种非线性机制，在生物种群的逻辑斯蒂增长方程 $\frac{\mathrm{d}N}{\mathrm{d}T}=rN\left(\frac{K-N}{K}\right)$ 式中，$\left(\frac{K-N}{K}\right)$ 代表了环境剩余空间，当 $K-N>0$，生物种群增长；$K-N<0$，种群个体数目减少；$K-N=0$，种群大小基本处于稳定。在生态系统中存在多种物种，种群之间还存在着竞争、共生、互生、寄生等复杂关系，若干条逻辑斯蒂曲线组成复杂的图形。而这些非线性机制共同作用，使生态系统中的生物种群围绕着其生境容量 K 值波动或振荡，维持了生物与其生境的和谐共存与发展，生态系统呈现稳定、有序的图景。而且非线性作用机制不但维持了生态系统的稳定，而且也使得生态系统的稳定性与其中的某一因子或特征间不存在简单的因果关系或线性依赖

关系。因此关于“物种多样性增加或减少，生态系统是否更稳定”的问题没有固定答案。

此外，生态系统内的非线性机制，还使得生态系统存在多个稳态，这可以从非线性方程具有多重特征中得到解释。李文朝（1997）对太湖水域生态系统的稳定态分析就得出：太湖水域生态系统具有草型湖泊和藻型湖泊两种稳定态，而且不同稳定态的优势物种、物种数量、水质等特点完全不同。因此仅用生态系统中物种的多样性不足以判断系统的稳定性。

1.3.4 干扰与稳定性

干扰在生态系统稳定性研究中是一个很重要的概念，许多学者都认为不同干扰类型、强度作用下生态系统的稳定性不同。在生态学研究中对干扰的理解主要有两种：一些学者，如 Pickett（1999），认为干扰是指发生在一定地理位置上，对生态系统结构造成直接损伤的、非连续性的物理作用或事件，如异常干旱、水灾、病虫害以及强烈的人类活动干扰等；另一些学者，如 Farina（1998），认为干扰本身就是景观的形成要素，是一种景观生态过程。

这两种对干扰的不同认识关键在于干扰特征和研究尺度的把握，当研究一小块农田、短时间内的生态过程时，它不断受到各种干扰的作用，如人为施肥、灌溉、降雨、风等的干扰，而且这些干扰也成为作物生长过程的一部分，这些干扰可用第二种理解来定义；但火灾、水涝、旱灾、一次水污染事件或土地利用方式改变等这样一些干扰对农田生态系统往往是有损伤的、非连续性的。当研究一个流域生态系统的长时间演化时，上面所说的第二类干扰，也成了一种生态过程，而不一定就是对系统造成直接损伤，这时也可能会有些对大尺度系统造成明显损伤的偶发干扰，如地质构造的运动或火山爆发等可能就是这种干扰。而且随着研究的尺度变化，这两种干扰会互相转换。较短时间尺度如 10 年，对一片森林，火灾是一种非正常干扰，而从上百年的时间尺度和一个大的森林生态系统来看，火灾则是森林生态系统中局部生态演替的驱动力，属于正常干扰。

事实上，生态系统作为一个开放系统，环境施于它的干扰是无时无刻不在的，并直接影响着生态系统的稳定性。Hill（1987）总结关于生态系统稳定性的研究发现，某些生态系统的持续存在往往是依靠使功能和结构特征产生变化的干扰因素，这些结构和功能特征如生产力、生物量积累、物种丰度以及矿物循环速率等。正因为干扰的存在，促使生态系统各要素间的不断交流，使它们始终处于动态之中，如系统内生物个体生理活动和适应性对策的变动，种群间交流和种群密度的变化，生物与其生境间相互作用的改变等都是在开放环境中得到改善的。也正因为干扰的存在，系统内才有物质扩散、能量传导、化学反应等不可逆过程的持续。如太阳能的输入，植物将太阳能吸收并转化为植物体，而它们又作为化学能被食草动物采食，并同时在代谢过程中产生热能在系统内传递和在环境中散失。又如降雨的输入促使了陆地生态系统内各组分间的水分传递与转化。所以说干扰是生态系统的一部分，它对维持生态系统的稳定性有重要意义，因而在分析生态系统稳定性时不能简单地将其视为外界输入的、会破坏稳定性的过程或事件。

此外，干扰也促使生态系统的结构和功能不断地发生变化，从而有可能诱发生态系统的失稳、演化。所以在生态系统稳定性分析中，不能认为系统受干扰后一定会恢复初始状态。

1.3.5 变异性与稳定性

变异性是指系统处于偏离期望值的波动状态，而表现出来的不确定性或变异程度。这种波动状态正是系统科学中所说的涨落。一些学者认为变异性是生态系统稳定性的内涵之一，可以应用变异系数作为稳定性判别的依据，变异系数越高，生态系统稳定性越低。同时也有学者认为变异系数会受外界环境的干扰变化，但这并不反映生态系统稳定性的改变，因此在用变异系数分析稳定性时要将环境影响剔除。由生态系统的开放性，以及环境干扰对稳定性的重要作用可知，干扰引起的波动并不应该剔除。

那么变异系数越高、稳定性越高的判断是否正确？Hill（1987）认为强调种群波动的生活史特性可以作为避免捕食以至促进一些物种的生存的机制。McCann（2000）提出，无论生物过程还是非生物过程所导致的种群变异，都可以使物种以不同的方式去应对环境的变化，从而削弱了潜在破坏性对群落的影响。而系统科学研究表明，对于一个稳定的耗散系统，各子系统之间相互作用的传递、转化必然会出现误差，必然存在涨落。否则，对于一个复杂系统，任何一点小的变化，不论是外界的随机干扰，还是系统内部的各种误差（这对于复杂系统是随时都可能发生的），都会在系统内长期存在，无法消除，使系统处于“病态”，所以说没有涨落系统的稳定状态不能维持。

生态系统虽然不断发生着昼夜变化、四季变化，而且还由于各种干扰作用、内部相互作用以及各种随机原因处于不断的涨落中，其生物种数、植物盖度忽增忽减、土壤中各种营养物质的含量、大气中的温度忽高忽低等。然而生态系统保持着一定的植被格局、土壤肥力、生产量等，即这些变化在一定时间内的平均值、方差都趋于定值，而这种状态正是系统科学中所说的正常涨落。可以说，生态系统的稳定性是由其正常涨落来实现与维持的。因此在判断生态系统的稳定性时，不能仅用某个时刻的变异系数，而应该用一定长的时间序列中变异系数、期望值的变化来分析。

1.3.6 复杂性与稳定性

随着对生态系统的深入研究，生态学家们越来越认识到生态系统的复杂性，ONeill（1986）、Wu & Louks（1995）等提出，生态系统是自然界最复杂的系统之一。复杂性与稳定性的关系引起了不少生态学家的兴趣。Garder（1970）、May（1972）提出，复杂性的增加，将不可避免地削弱生态系统的稳定性；此后一些学者提出相反的结论：复杂性使生态系统趋向稳定。

生态系统复杂性除前述提到的内部非线性作用外，还包括多组分、非严密结构、多层次性及时空异质性等特征。

1．生态系统是具有许多组分的系统

生态系统是由很多组成要素组成的，每一组成要素又通常是由许多成员构成，如生产者有草本、灌木、乔木等还有光合细菌，消费者则包括如各级动物，分解者包括各种微生物，细菌的、真菌的、放线菌等。此外，这些成员如草本、土壤等在某生态系统中往往也有很多种，即生态系统内部有生境多样性、物种多样性等。所以一般的生态系统是由大量的组分构成的。

2．生态系统是非严密结构的系统

生态系统不同于生物体等有机程度高、结构严密的系统，而是一种具有非严密结构的系统，即其组成部分或要素及其位置总是处于变动之中。例如森林生态系统中的林隙、湿地生态系统中的水生植物斑块、荒漠生态系统中的植物斑块等，它们的分布位置、物种种类等总是不断地变换着，有很大的随机性，完全不像人体脏器那样有着相对固定不变的位置，更不像晶体系统那种平衡结构。

在严密结构系统中，某一组分改变或被破坏都会影响系统整体循环的正常运转，造成系统稳定性的降低甚至失稳。而生态系统不会因为部分组分不正常或局部不稳定，而导致系统整体稳定性降低或失稳，例如在森林生态系统中，其中无论是高大的乔木、低矮的灌木或草本植物等都不时会倒下，但与此同时，相应的一些植物又在系统的其他位置上生长起来，整个系统处于此消彼长的状态，总的能量、物质、信息流通都不发生大的变化。

3. 生态系统具有多个层次

生态系统复杂性还体现在它具有多个层次上。如植物个体与其周围的微环境构成了一个植物个体生态系统；许多植物个体生态系统又构成了植物群落生态系统，如林地、林隙；许多的林地、林隙生态系统又形成了森林生态系统；而森林生态系统、草地生态系统、湿地生态系统、湖泊生态系统等又组合成了区域或流域生态系统；最后地球上各区域、流域生态系统一起构成了地球生态系统，即生态系统具有巢式等级结构。

生态系统的等级自上而下，高层级对应着大尺度特征，低层级对应着小尺度特征，这一点同时体现在生态系统的格局、生态过程、驱动力等方面，即生态系统的低层级一般有较小的实体、快的生态过程和高频率变化事件的干扰与驱动，而高层级一般有较大的实体、慢的生态过程和小频率事件的干扰与驱动。例如在森林生态系统中，个体层级，如一棵树木，个体的生长状况受微环境的影响与控制，如微气候、微地境、周围的生物活动等，主要考虑能量、物质在个体体内及个体与其为环境间的迁移与转换的生理生态过程，过程速率高；而在斑块层级，如一片林地，斑块内的个体仍在高频率变化着，但斑块内一些个体长势好些，一些长势差些，而斑块总体的格局变化则较个体的变化慢，主要受小环境的影响与控制，如小面积的火灾，人为的施肥、灌溉、虫害等，主要考虑斑块上的物种竞争与共生、物质、能量、生物种的迁入与迁出等生态过程，过程速率较高；同样在森林生态系统中，其中林地和林隙斑块也是不断变化的，但总体上分析林隙总是保持在一定的比例。森林总体格局又较内部斑块的变化慢，系统受大空间和长时间的环境影响与控制，如所处的地理环境、人们的生态管理目标等，主要考虑净初级生产、生态系统净生产和蒸散等生态过程，过程速率低；而对于区域生态系统来说，则主要受到区域的地形、地貌、气候、土地利用格局、生物物候特征等条件的影响与控制，主要考虑地球生物化学循环、区域水文循环等过程，过程速率很慢。

不同层次的生态系统具有不同的实体大小、生态过程速率与干扰频率等时空尺度特征，这使得生态系统稳定性具有了相应的时空尺度特征。

4．生态系统具有明显的时空异质性

生态系统在空间上是具有格局和斑块状的，并且随着时间以复杂、有时不可测的方式而变化，即时空异质性。

生态系统异质性是种群动态、群落结构与稳定、元素循环和能量流动等发生的基础，也就是说异质性在生态系统中是普遍存在的。异质性不仅在任何生态系统中存在，而且在同一生态系统中研究系统的不同层级或用不同尺度去观察系统往往会得到不同的一致性。因为生态系统异质性形成的主要推动因素、干扰、生物学过程、环境制约等都同时作用于多个尺度。如对植物个体的局部干扰以及野火、干旱和流行病害等大尺度上的干扰，对景观格局形成了多尺度效应。生物的再生过程从一个个体的再生到一组物种组合的重建也发生在一个变化的空间尺度上。再如环境的制约作用包括限制种子萌发的小气候和小尺度土壤条件，以及决定生物群区的洲际气候系统，跨越一个广阔的空间尺度。

异质性不仅增加了系统的组分数，而且使得同一类组分各不相同，在研究中难以归并和简化冗余，因而大大地增加了系统的复杂性。正因为如此，生态系统的复杂性属于有组织复杂性。Weinberg（1975）提出可用小数系统、中数系统和大数系统与复杂性对应。小数系统的组分数量少，相互作用方式简单，常表现出有组织简单性，因此可以用传统的数学分析方法来研究（如牛顿力学）。大数系统中的组成成分数量庞大，但各组分行为高度自由，表现出随机性，产生所谓的无组织复杂性。这类复杂性问题可用统计方法来有效处理（如统计物理学）。中数系统组分较多，相互作用方式复杂，它们与有组织复杂性对应。这类型不能用以上两种方法处理：一方面，用简单数学分析方法不能对付此类系统中的大量成分；另一方面，传统统计方法又不宜用来研究中数系统组分间的非线性相互作用。稳定性是生态系统的整体性特征之一，它秉承了生态系统的复杂性，所以要研究生态系统的稳定性，要么是把中数系统转化为小数系统或大数系统，要么是发展出与简单数学分析和统计方法本质上不同的新方法。

因此可从以下几个方面深度认识生态系统的稳定性：

1．稳定性秉承了耗散结构特征

生态系统稳定性具有开放性、远离平衡态、非线性以及涨落特征，即生态系统稳定性秉承了耗散结构特征，因而在生态系统稳定性分析中要注意以下几个问题：

（1）生态系统的稳定性是在外界环境的支撑下实现的，故分析系统稳定性是不能将外界环境都简单地视为干扰。

（2）生态系统的稳定性本身就具有多稳态特征，而不同稳定态的特征和稳定机制都可能不一样，不能简单对比不同稳定态的差异，如生物多样性，判断系统的稳定性。

（3）涨落不仅是系统稳定态形成与失去的关键过程，它同样存在稳定态中，并且是稳定性维持的机制之一。由于不同系统受到的环境影响不同、内部稳定机制不同，其稳定态的涨落特征也不同，故不能认为系统涨落越大系统稳定性越低，只要其系统处于正常涨落就是稳定的。

在耗散结构特征影响下，生态系统稳定性是生态系统在远离平衡态的情况下，系统中的水、气、生、土各要素通过相互间的非线性作用、彼此协调、自组织起来而形成的。在外界环境的不断干扰下，其稳定态不断与外界环境交换物质与能量，并处于正常涨落中。在外界环境变化或内部要素的涨落中这一稳定态有可能失稳，然后通过演化达到新的稳定态。因此稳定性可以由系统内部各要素的协调程度或系统是否处于正常涨落来分析其稳定性。

2．稳定性秉承了复杂性

生态系统由多组分构成，组分之间存在非线性作用，形成非严密与多层次的结构并具有时空异质性。这种复杂性极大地增加了生态系统稳定性研究的难度。同时，对于复杂性的深入认识也有助于更好地研究生态系统稳定性。

（1）生态系统的有组织复杂性决定了生态系统的稳定性不能通过直接分析确定性模型或其解的稳定性来分析、判断，也不能直接由简单的统计方法来进行分析。

（2）生态系统内包含了大量较为独立的个体或斑块，如植株或植被斑块等，它们割裂了各种要素在生态系统中的时空分布，破坏了要素的时空连续性，因此不能仅用要素的协调分析稳定性，而要综合分析个体与要素的协调来对生态系统的稳定性进行判别。

（3）生态系统具有层次性，使得在垂直上可以把系统分解成多个层级，而在同一层级中，又可分解成若干个子系统。这样能将生态系统分解、简化，以便达到对其结构、功能和行为的理解和生态系统稳定性的分析。

（4）生态系统的不同层次具有不同的时空特征，这也使得生态系统稳定性具有了相应的时空尺度特征。

3．稳定性对时空尺度的依赖

不同层级的生态系统具有不同的尺度特征，使得稳定性也具有不同的时空尺度。

（1）生态系统具有巢式等级结构。其高层级一般有较大的实体、慢的生态过程和小频率事件的干扰与驱动，因而其稳定性对应着更大的空间范围和更长的时间长度；生态系统的低层级一般有较小的实体、快的生态过程和高频率变化事件的干扰与驱动，其稳定性对应着较小的时空尺度。即用低层级、小尺度的系统资料分析出的稳定性对应于小的时空尺度，用高层级、大尺度的系统资料分析出的稳定性对应于大的时空尺度。

（2）高层级生态系统的稳定是由低层次子系统间通过协同作用而实现的，从而整体上衰减了外界干扰与环境变化对系统带来的波动，因而其稳定性比较平稳。在较短时间内由局部干扰导致的个别低层次系统的失稳不足以影响高层级系统的稳定性；而且在大的空间范围内，由小干扰或低层次系统自身涨落引起的低层次系统的失稳总是此消彼长的，不会影响高层级系统的宏观稳定性。即高层级系统的稳定性属于复合稳定性。如大兴安岭的亮针叶林景观经常发生弱度的地表火，火烧轮回期30年左右，这种林火干扰常形成粗粒结构，火烧迹地斑块的平均大小与落叶松斑块相接近，为40～45 hm^2，在这种火生态的环境下兴安岭落叶松林仍可保持大尺度上的生态稳定性。

生态系统的复合稳定性使得在较高层级系统的稳定性研究中可以忽略更低层次系统内部的异质性或异常涨落，从而简化了高层级系统。

（3）生态系统的稳定性随时空尺度变化。如考虑一片森林火灾，火灾后植被破坏，其生态系统处于崩溃状态，随着时间推移（几十到百年），新的物种进入、定居、竞争，并形成新的森林，其生态系统的稳定性又逐渐恢复。如果时间尺度继续放大（几百到千年），那么这一片森林虽然经历了几次火灾，但其生态系统的稳定性总体水平一直较好。同样一片森林，只考虑这一个空间范围内的生态系统，其稳定性受到严重破坏，但是将尺度放大到整个森林生态系统中来考察，其稳定性总体水平仍能保持在较好水平。

正因为生态系统稳定性依赖于时空尺度，对系统的稳定性进行研究时一定要在特定的时空尺度中进行。

1.4　国内外生态系统稳定性测度与评估发展

生态系统在结构与功能上的复杂性以及不同空间尺度上的动态变化，加上生态系统稳定表达的多样化，使得生态系统的稳定性成为一个非常复杂的问题，其测度也变得较为困难。目前，对生态系统稳定性的测度与评价也多种多样，尚无统一的方法与标准。由于生态系统稳定、持续、高速发展是人类经营活动的最终目的，因此探讨生态系统稳定性测度与评价始终是生态科学工作者所面临的重要研究课题。

1.4.1　不同尺度生态系统稳定性研究

1. 群落（生态系统丛）尺度

自 MacArthur（1955）提出群落稳定性概念以来，稳定性研究便成为生态学的一个热点领域。他根据食物网理论提出稳定性随着能量通路的增加而提高的观点。此观点的支持者 Elton（1958）认为“简单的群落比物种丰富的群落更容易受到干扰；种群受到破坏，更容易受到其他种的入侵”。20 世纪 70 年代以前，MacArthur 和 Elton 的“多样性—稳定性”假说，一直被生态学家们所认同和支持。1970 年，Garder 和 Ashby 应用数学模型研究了生态系统稳定性后，提出了与“多样性—稳定性”假说相反的结论，他们认为生态系统的复杂性导致了不稳定性。类似地，May（1972）也认为简单生态系统比复杂生态系统更可能趋于稳定。Tilman（1996）对近年来多样性与稳定性方面的实验以及理论结果进行总结，多样性不会导致种群稳定性，但多样性的增加可以导致群落或生态系统的稳定。该观点在一定程度上调和了“多样性—稳定性假说”与May等观点的长期争论。此外，McCann（2000）提出：种群处于动态之中，群落的稳定性在一定程度上依靠种群数量，即种群密度接近平衡密度时，群落的稳定性就越高。也有一些生态学家探索植物的功能属性以及群落的功能属性对生态系统稳定性的影响（Huston，1997；Tilman et al.，1997；Hooper and Vitousek，1997；Wardle et al.，1999；Weigelt et al.，2008；Titlyanova，2009）。

2．景观尺度

景观尺度上生态系统稳定性的研究大多是运用景观生态学原理，借助遥感（RS）、地理信息系统（GIS）和景观结构分析软件等来分析景观格局的变化对生态系统稳定性的影响，研究对象多以绿洲、湖泊、湿地等为主。研究干旱区绿洲生态系统的稳定性的代表学者包括罗格平（2004）、王玉朝（2002）、贾宝全（2003）、刘新春（2004）等，他们从景观生态学的角度出发，用不同的景观生态学指数衡量了绿洲的稳定性现状。肖笃宁（2005）、王玲玲等（2005）、张福群（2010）、郑耀辉（2010）等应用景观生态分析法对典型湿地景观格局变化及生态稳定性进行了研究。

自然生态系统与人工生态系统的稳定性研究除存在“静态”与“动态”的区别外，另一个重要的不同是自然生态系统稳定性研究主要针对系统结构的稳定，而人工生态系统则主要针对功能稳定（冯耀宗，2002）。曹文志（1998）认为农业生态系统稳定性的实质就是具有高生产力的、长期稳定的农业生态系统。与之相似的观点有：维持较高的系统产出是系统稳定性的基本特征，动态的波动性是系统动态稳定性的典型特性（赵志轩等，2010）。也有学者通过建立田块小尺度上的评价指标体系，对农田生态系统的稳定性进行评价研究（王庆宾等，2005；李新旺等，2005；赵志轩，2010）。

3．区域尺度

区域尺度生态系统稳定性研究上，许多学者从不同视角开展了卓有成效的工作，主要包括：①从区域合理配水、生态需水的角度分析干旱区绿洲的稳定性（陈昌毓，1995；贾宝全，2000；王让会，2002；何志斌等，2005；陈亚宁，2008）。②区域规模与生态系统稳定性结合研究（王忠静等，2002；陈玉春等，2004；陈小兵等，2008；布佐热·艾海提等，2010）。③区域小气候特质与生态系统稳定性结合研究（潘晓玲，2001；罗格平等，2002；胡隐樵，2003；吕世华，2005；冯起等，2006；文莉娟等，2009；潘竟虎等，2010）。

1.4.2 生态系统稳定性测度与评估发展

生态系统涉及自然与人文等诸多要素，定量评价其质量优劣具有重要意义。目前在生态系统稳定性评估指标体系研究方面尚无一个公认的可操作框架。梳理国内外学者研究成果，按照各研究所依据理论基础与逻辑关系差异，将生态系统稳定性评估研究可分为如下 6 类：

1．基于生物多样性与稳定性关系的生态系统稳定性评估

有关生物多样性与生态系统的稳定性的理论被提出之后，许多学者便应用实验室或野外试验，试图证明二者之间的关系。King 和 Pimm（1983）通过模拟系统发现，高等植物多样性会导致更大生物量的稳定性。类似地，种类进行竞争且通过竞争释放对易受干扰种类丰富度的降低进行补偿（张步翀等，2006）。Doak 等（1998）分析多样性对稳定性的影响，认为不同物种因对环境变化的反应不同，随物种多样性的增大其生态系统功能的变化将被缓冲，且物种之间相互关联越小，多样性对稳定性的影响则越大；当物种多度差异很大时，多样性对系统功能稳定性的维持能力则降低。McCann（2000）认为种群处于动态之中，群落的稳定性在一定程度上依靠种群数量，即种群密度接近平衡密度时，群落的稳定性就越高。Tilman（2001）研究证明在较小的生态系统和相对较短的生态周期内，物种多样性的增加可提高生态系统功能效率和稳定性，但同时也降低种群稳定性。

物种多样性是衡量生态系统稳定性、演替阶段及可持续性的一个重要指标（钟军弟等，2002；白永飞，2004；汪诗平，2005；周华坤等，2006）。动物生态学家用动物在干扰前后种群密度的变化来表达动物群落的稳定性（刘德广等，2001）。此外，从建国用同一年中多样性的变异系数（D_s/D_m）来描述群落稳定性，如果变异系数小，则在相同干扰下群落抗外界干扰能力强，自控力强，生态系统更稳定。植物生态学家则用干扰前后物种的组成、频度、盖度、丰富度、生物量的变化进

行群落稳定性测度。变异系数 Cv（%）=标准差/多年生物量平均值，常被用来衡量植物群落稳定性（郑元润，1999；白永飞、陈佐忠，2000；石永红，2000）。

2．基于阈值的生态系统稳定性评估研究

生态系统稳定性是不超过生态阈值的生态系统的敏感性和恢复力。不同的生态系统所承受的干扰水平不同，有不同的阈值（柳新伟等，2004）。Westman（1985）利用原油对沼泽草地进行了不同次数的处理，发现随原油胁迫时间的增加，会出现一个阈值，超过这个阈值草地就无法从被原油淹没的状态恢复。Westoby（1989）等基于非系统的非平衡特性提出了状态—转变模型，认为系统并不是一个平衡的状态，而是还包括多个不平衡状态，这些状态之间具有一定的界限。David（1999）对草原研究发现，如果反刍动物每天的取食量不超过可利用面积的 5%，则草原生态系统可以自我维持，保持相对稳定。朱瑜馨等（2002）认为山地生态系统稳定性是指当山地生态系统在受到外界干扰影响没有超过系统的阈值时，系统可以通过自身调节功能进行自动调节并消除干扰、最终恢复到初始状态的能力。周华坤等（2006）对青藏高寒地区草甸生态系统的稳定性及其对环境变化的灵敏度进行研究，得出高寒草甸生态系统在气候因子的作用下呈现同主周期、振幅比较稳定的随机波动结论。对于绿洲生态系统的稳定性来说，水是维系绿洲生存和发展的关键因子，是绿洲时空变异性的根本所在（王耀斌等，2015）。干旱内陆河流域生态脆弱区的生态安全分析是以水过程研究为核心的，维系天然植被生存的合理地下水位研究对确定涉及生态系统稳定和生态安全方面的生态需水量具重要意义（陈昌毓，1995；陈曦等，2008；陈亚宁等，2008；郭巧玲等，2010）。

3．基于结构与功能稳定性的生态系统稳定性评估

Odum（1984）通过群落能量、群落结构、营养物质循环、生活史等 7 方面 22 项指标来评判生态系统的稳定性。这 7 个方面分别代表生态系统的结构、功能与能流状态。曹文志和王磐基（1998）认为农业生态系统的稳定性实际上包括结构的适应性、功能的稳定性以及能量输出和输入相对平衡三方面。王玲玲等（2005）从整体和结构两方面出发，分析了湖滨湿地生态系统的稳定性。针对河岸带生态系统在空间结构上较强的三维特性，夏继红等（2005）将结构稳定性评价加入到河岸带生态系统稳定性综合评价体系中。

4．基于三维内涵的生态系统稳定性评估

张继义（2003）综合了稳定性研究的各种文献，将生态系统稳定性内涵归纳为 3 种基本类型：①群落或生态系统在达到演替顶级后出现的能够进行自我更新和维持并使群落的结构、功能长期保持在一个较高的水平、波动较小的能力；②群落或生态系统在受到干扰后维持其原来结构和功能状态、抵抗干扰的能力；③群落或生态系统受到干扰后回到原来状态的能力。因此，生态系统稳定性的三维内涵指的是恢复力稳定性、抵抗力稳定性和演替顶级后系统长期自我更新和结构、功能维持的能力。任平等（2013）认为生态系统稳定性的表现就是系统对干扰的响应程度，响应主要体现在两个方面：一是生态系统对干扰的抵抗性、持久性，二是生态系统恢复到干扰前状态的恢复力、弹性。农田生态系统与自然生态系统的稳定性在内涵上有所不同，它是指在一定时间内，随着社会、经济、科技的发展，农田生态系统的结构、功能、资源利用效率、生态环境效应及系统产出等长期保持在较高的水平且波动较小的综合动态特征（李新旺等，2005）。

5．基于三效统一的生态系统稳定性评估

马世骏、王如松（1984）较早从自然系统的合理性、经济系统的利润及社会系统的效益 3 个方面结合起来评价生态系统稳定性，认为社会、经济、自然虽然是三个不同性质的系统，但其各自的生存和发展都受到其他系统结构、功能的制约，必须作为一个复合系统来考虑，综合衡量该复合生态系统稳定性。绿洲生态系统的可持续发展是干旱区发展所追求的基本目标，长期以来从自然、社会、经济 3 个层面综合研究绿洲稳定性的成果也较多，如针对张掖绿洲（刘振波，2004；杜巧玲，2004；樊华等，2007）、阜康绿洲（周跃志等，2005）、精河绿洲（韦如意，2004；毋兆鹏，2008）、额济纳绿洲（杜巧玲，2004；王耀斌、冯起等，2015）等。

6．基于分维理论的生态系统稳定性评估

生态系统是一个复杂多变的复合系统，用线性分析方法会忽略因事物的叠加可能导致的耦合作用或突变。分维是非线性系统的本质特征，根据生态系统非线性特征，基于分维理论开展了针对不同类型生态系统稳定性测度，包括针对矿区生态系统（孙顺利等，2007；王广成等，2008）、针对西北干旱荒漠区（阿拉善荒漠区、柴达木盆地荒漠区、塔里木盆地荒漠区、准噶尔盆地荒漠区和河西走廊荒漠区）（陈亚宁等，2008）、针对城市生态系统（马爽爽等，2012）。

1.4.3 评价的发展趋势

随着全球和区域环境问题日趋严重，生态系统也面临各种退化的严峻挑战，监测和评估生态系统的稳定性成为重要区域生态保护的重要内容。同时，国内也为建立适宜的生态系统稳定性评估指标进行了较长期的研究，以促进对生态系统稳定性的有效评估。

在当今生态环境与人类经济社会发展关系的现实背景下，生态系统稳定性评估指标体系的发展特点主要表现为以下几个方面：

1．服务决策

“与政策习惯并对政策具有指导意义”是当前生态系统稳定性评估指标的重要特征。随着许多国家和地区相继制定了生态保护战略和行动计划，根据国家生态保护战略需求设置评估指标，评估和跟踪战略实施计划的进展，成为当前生态系统稳定性评估的主要应用方向之一。

2．关注内容广泛

生态系统稳定性不仅仅是生态系统本身的问题，更与经济社会发展紧密相关，这要求生态系统稳定性评估在内容上要有一定的广度，不仅涉及生态系统自身结构与功能、所依托的自然环境，也涉及人文、社会经济即政策方面的信息。人为因素已经成为生态系统稳定性评估指标中不可或缺的内容。

3．方法论更加完善

生态系统稳定性内涵丰富、机理复杂，造成其评估指标选取上的困难。近些年，围绕指标体系构建的原则、方法、技术等方面进行了一系列探讨，如指标选取原则方面，除一般要求科学性、代表性、可操作性等外，还需根据突出服务决策的要求而突出针对性，如针对自然保护区特点的指标设计。指标内容组织上要突出逻辑性，如基于生态系统稳定性的三维内涵。指标体系的构建过程也要进一步改进，加强了对实用指标的选取。

4．重视数据获取

数据的可得性是制约生态系统稳定性评估工作的主要问题之一。由于生态系统稳定性评估趋于中宏观尺度上的动态评价，因此对数据的更新频率、数据获取方法及记录形式的统一性等提出了更高的要求。完善与生态系统稳定性有关的监测网络，建立统一的数据获取平台，提高数据支持能力，是当前生态系统稳定性评估工作的重要环节。此外，本着从实践中来到实践中去的思路，建立一个稳定持续的“指标建设—实施评价—成果产出—信息反馈”的机制，通过实践检验并完善指标体系，无疑将提高生态系统稳定性评估服务生态管理的能力。

第2章　干旱荒漠生态系统稳定性敏感影响因素辨识

荒漠生态系统是地球上最耐旱的，以超旱生的小乔木、灌木和半灌木占优势的生物群落与其周围环境所组成的综合体。荒漠生态系统区通常降水稀少、气候干燥、蒸发强烈，植物群落往往以小乔木和半木本植物为主，种群密度小，初级生产力低，物质循环规模小、速率低，能量流动受到限制并且系统结构简单（孙儒泳，李博，诸葛阳等，1993）。

影响荒漠生态系统的因素很多，可以分为三大类：非生物因子（如气候条件、土壤条件、水条件、地貌条件等）、生物因子（动物、植物、微生物等）与人类活动（资源开发、项目建设、污染、农业活动、放牧等）。

2.1　气候条件与生态系统稳定性

全球气候变化正在直接或间接地对自然生态系统和人类经济社会产生影响，而干旱、半干旱地区的生态系统非常脆弱，对气候变化异常敏感。对一个局地区域生态系统来说，其发生、发展不仅受大背景气候变化的影响，也受局域气候条件的影响，而且局域气候条件的影响是直接的、多样的。

2.1.1　降水

降水是干旱、半干旱生态系统重要的水分来源和限制因子，也是不同时空尺度上各种生物过程的重要驱动因子（Ehleringer JR，Schwinning S，Gebauer R，2000）。降水变化会影响干旱区的土壤变化、植被变化、土壤荒漠化和水文变化等方面。根据施雅风 2003 年的研究，近 40～50 年来，特别是 1987 年以后，全球气候变化导致我国西北干旱区的降水量有增加趋势，气候趋于湿润。降水的增加能够促进生物土壤结皮的发育，改善土壤水分状况，促进植物生长，提高植被盖度，促使荒漠植被向草原植被方向发展，有利于土地荒漠化的逆转；另外，降水增加会增加河流的径流量和湖泊水量，植被逐渐恢复，荒漠化扩展减少。

降水通过直接影响土壤和植被，进而影响生态系统。干旱区的降水变化会影响土壤水分动态和生物结皮的发育。生物结皮影响水分入渗，但也有助于保持下层的土壤水分。降雨量和降雨频率的变化会改变生物结皮的群落组成。

降水增加会提高干旱区植被的生产力，促进不同地区的一年生草本植物或多年生草本植物的生长，使较干旱地区的植被向较湿润地区的植被转变，例如荒漠向草原转变。Sala 等（1982）研究表明，草本植物能更有效地利用 5 mm 小降水事件，而木本植物倾向于利用较大的降水事件。类似地，Gao（1990）在北美荒漠区的研究表明，小降水事件（＜10 mm）主要促进草本植物生长，而较大的降水事件有利于灌木的定植。

2.1.2 干旱

干旱是一种气候灾害，其造成的经济损失是气象灾害中最为严重的。同时，由于干旱灾害发生频率高、持续时间长、影响范围广、后续影响大，对生态系统危害也很大。

干旱作为一种气候现象，它不仅可以通过影响光合作用等生理生态过程，直接影响到自然生态系统生产力的累积，对土壤—植物—大气系统（SPAC）中物质的转换等起着重要的作用。大气干旱、土壤干旱、水文干旱和生物干旱之间有着密不可分的联系，长期的大气干旱可形成土壤和水文干旱，而长期的土壤干旱又可导致生物干旱。如果多种干旱并存，将严重影响生态系统生产力。钱正安（2001）指出在所有的气候异常中，干旱发生频率最高，其损失约占整个气象灾害损失的 50%，干旱灾害的损失之所以如此严重，主要与干旱发生十分频繁且持续时间长和受灾面积大有关。

干旱对自然生态系统的影响是从不同角度、不同层次、不同尺度来反映干旱与生态系统以及不同系统之间的耦合关系。程曼（2012）研究干旱对黑河流域生态系统的影响，发现：2010 年黑河流域生态系统综合指数空间分布差异明显，流域上游的生态系统稳定性最高，中游次之，下游地区系统稳定性最差，源于从上游往下游干旱影响不断增加。与正常相比，干旱胁迫条件下优势物种和功能群组成对样地生物量的影响作用明显改变，土壤全氮含量相对比较稳定，受环境因素影响较小，优势物种对样地群落稳定性的影响作用比较明显，而物种丰富度的影响作用较弱（王江，2006）。

2.1.3　大风

干旱、半干旱荒漠区由于降水少，气温日较差大，同时加之植被稀疏，地形起伏，常出现大风天气。大风是一种灾害性因素，气象上统一的规定标准是定时（02 时、08 时、14 时、20 时）平均风速等于或大于 12 m/s（6 级）或瞬时风速等于或大于 17 m/s（8 级）定义为大风。大风对林木危害最大，一方面导致土壤的风蚀、沙化，还可以直接折断树枝、树干，是形成风倒的因素之一，在荒漠区大风促使沙漠流动，在地表裸露的沙尘源地及其附近形成沙尘暴灾害，对生态系统的稳定性造成负面影响。大风还能加剧其他自然灾害（干旱、雷雨、冰雹、盐渍化、荒漠化等）的危害程度，如大风能使土壤水分大量蒸发，从而加速土壤沙漠化，促使半固定沙丘活化和流动沙丘前移，加快荒漠化进程。

李耀辉研究了西北地区大风日数的时空分布特征，西北大风天气可划分为较少区（年均＜10 d）、较多区（10～50 d）、多发区（50～100 d）和频发区（＞100 d）。西北大部分区域为大风较多区，占 61.4%，大风频发区分布最小；大风最频繁发生的地方在新疆西北部的阿拉山口（＞160 d），最少的地方是陕西北部延安（＜1 d）。多数区域近 40 年来大风呈减少趋势，其中新疆西北部、甘肃河西走廊西部和陕西东部等地区减少最为明显，大风增加的区域主要集中在新疆东北部到青海西部地区，年均大风日数从 20 世纪 60 年代到 80 年代中期以后增加了近 3 倍，达到 190 d。总体来讲，西北地区大风天气最多的季节是春季，以 5 月最多，其次是夏季，秋季、冬季，特别是秋季大风最少；陕西、甘肃中南部夏季大风较多，青海东南部则夏季最少，冬季大风更多一些。

2.2 土壤环境与生态系统稳定性

土壤作为荒漠化生态系统的重要组成部分，其生态环境对构建稳定的荒漠化生态系统具有举足轻重的作用。土壤是一个开放系统，是能量的转换器，它以生物为中心，有活跃的物质流和能量流相贯通，形成循环模式。一方面它为生产者提供所需要的养分、水分，并将所产生的生物物质经过消费者和分解者的利用消耗，最终归还土壤或经土壤进入大气或水域，进行下一步循环；另一方面，土壤本身也进行复杂的物质、能量转换过程，使其处于一种缓慢的演化过程，并维持土壤系统自身的稳定性。

2.2.1 土壤质地

我国沙漠地区土壤类型较多，有地带性的干旱土和荒漠土，还有非地带性风沙土、盐碱土、草甸土和沼泽土等。由于成土母质沙漠地区的土壤多数土层薄、质地粗、有机质和水分含量低，表层或亚表层常有钙积层和石膏层，甚至砾石裸露。

沙漠地区土地质地或土壤生境变化对应植物群落分布、结构及数量特征的变化，进而影响生态系统的稳定。如在干旱半干旱荒漠草原退化沙质草地，植物群落结构及其数量特征的动态变化过程是对土壤生境变化的响应过程（左小安等，2007）。原始草地土壤生境逐步沙化，使得优势种逐步消退，如多年生的针茅、赖草及胡枝子，而耐沙埋、耐旱物种，如狗尾草、沙米、地锦、虫实和猪毛菜等开始入侵并扩展，群落的物种多样性升高，并达到逆行演替序列上的最高点；随着土壤进一步沙化，物种多样性趋于单一化，系统稳定性下降。另外，不同的土壤生境适于特定物种，如演替初期，细颗粒物质比重较大的硬质灰钙土及沙化灰钙土仅适于多年生、密集型克隆植物针茅、赖草和豆科植物胡枝子，而进一步沙化地却适合耐受性较强的藜科植物和游击型克隆植物定居和扩展；此外，种间相互作用也影响群落物种多样性，部分物种的生态特性决定其在群落中的优势度，种群的衰退和土壤环境的变化，提高了其他物种的竞争能力。固定沙地和流动沙地阶段物种多样性指数较大，原因可能与这两个阶段较低的群落生态优势度有关（左小安，2006）。同时，作为游击型克隆植物，白草在固定沙地和半流动沙地阶段表现出最高的种群优势度，极强的空间侵占能力和对其他物种的竞争作用使得群落的生态优势度上升，而多样性指数下降。在流动沙地阶段，白草种群的衰退和沙地环境的恶化，提高了老瓜头的竞争能力，为其再次侵入创造了条件，群落的生态优势度下降，物种多样性再次升高。在植物群落逆行演替过程中，物种多样性最高的群落并非是最稳定和演替历史最长的群落（王国梁等，2003）。沙质灰钙土阶段的群落物种多样性最高，是针茅群落向白草群落演替过渡的中间类型。植物群落结构特征与数量特征、土壤质地与植被群落特征间的相关性分析发现，植物群落特征与土壤质地演变相互影响并协同发展。一年生草本植物优势度与藜科植物优势度、群落生态优势度呈显著正相关，而与物种多样性呈显著负相关；一年生的藜科植物提高了群落生态优势度，但导致物种多样性降低；同时，群落演替初期，豆科植物相对较高的优势度降低了群落生态优势度，而增大了群落物种多样性；豆科植物作为固氮植物，明显改善了演替初期的土壤结构，土壤粉粒组分含量明显高于其他演替阶段，提高了土壤颗粒分形维数及土壤氮素的归还量（吴旭东等，2016）。在群落演替过程中，物种多样性与物质生态优势度呈极显著负相关，而与土壤黏粒组分含量呈极显著正相关，同时与土壤粉粒含量、颗粒分形维数呈显著正相关，说明良好的土壤质地能提高沙质退化草地物种多样性（陈玉福等，2001）。

2.2.2　土壤有机质

土壤有机质（SOM）是土壤固相部分的重要组成成分，是表征土壤质量的重要因子。尤其在干旱荒漠化地区，土壤有机质含量直接影响该地区土壤质量的高低，并对荒漠化地区的生态演化有直接的影响（黄元仿，2004）。

土壤有机质对土壤松紧度具有重要影响（蒋端生，2001），其含量丰富，土壤结构可以得到不断改善；有机质含量高的地区，土壤总孔隙度、持水量和渗透速度均比较高（黄承标，1999）；土壤有机质通过对土壤颜色的影响，进而影响土壤的吸热、散热能力（蒋端生，2001）。李树人等认为土壤质地影响着土壤的理化性质，影响着土壤的肥力、通气、透水及温湿条件等。沙土物理结构差，易产生风蚀、水蚀，相应稳定性低，间接影响着生态系统的稳定性。土壤有机质有助于土壤团聚体的形成和增加土壤渗透性，通过改善土壤结构和渗透性质最终提高整个土壤的生产力。

土壤有机质含量与土壤 pH 呈负相关。土壤有机质含有大量活性基因，对土壤阳离子交换量有较大的贡献（ARJAH et，1996）。土壤有机质还能提高根系生长水平、增加土壤生物量。一旦土壤有机质层被剥蚀，土壤结构退化、养分流失将导致整个生态系统的生产力下降。除了产量降低外，生态系统的生物总量和生物多样性也会持续降低（魏翔，2006）。除此之外，有落叶覆盖的表土层的有机质含量高，为各种土壤动物提供了生存空间和食物。

2.2.3 土壤含水率

水分是干旱、半干旱地区生态系统中最活跃的因子之一，不同类型生态系统在形成与演变过程中都离不开水的作用，水分是干旱环境下影响植物生存、生长发育的关键因子（姜汉侨，2004）。土壤水分在干旱、半干旱地区生态系统中起着重要的作用。

土壤水分是指土壤表层至地下水潜水面以上土壤层中的水分。土壤水与地表水、地下水一样，是水资源的重要组成部分，是地表水、地下水、大气水相互转化的纽带，在水资源的形成、转化与消耗过程中，是不可缺少的成分，降水或灌溉均要先转化成土壤水分才能被植物吸收。土壤水分也是土壤最重要的组成部分，在土壤形成过程中起着极其重要的作用。土壤水分含量的变化决定着荒漠生态系统的生物生产力及其动态变化，它在一定程度上代表了荒漠地区的主要生态和水文过程，是荒漠生态系统的主要驱动力（Whitford W G，2002），而生物量与生育期对水分变化的响应直接影响着荒漠生态系统的功能和稳定性。土壤含水率与灌木生育期以及干鲜重的相关性因不同时段和不同的灌木种而异，表明土壤含水率在不同时段对各荒漠灌木不同的生育期以及干鲜重具有不同的影响机制。

土壤含水量受土壤性状、气象等诸多环境因子的影响，其收入主要为自然降水，支出包括地表径流、水分下渗、地面蒸发量和植物蒸腾量等。土壤含水量与群落状况显著相关，降水和土壤水分对植物群落水分平衡起重要的调节作用，植被类型、盖度及生长情况都会影响土壤含水量。土壤含水量还受坡度的时空影响，一般来说，坡度越大，土壤含水量越低。

2.2.4　地下水位

干旱荒漠区，气候干燥、降水稀少、蒸发量大，自然环境条件恶劣，植被生态环境退化，土地沙漠化加剧。究其原因，除了地质构造变动、全球气候条件变化外，与地下水系统变化密切相关。

作为干旱区最关键的生态环境因子，水不仅是干旱区生态系统构成、发展和稳定的基础和依据，而且决定着干旱区绿洲化过程与荒漠化过程这两类极具对立与冲突性的生态环境演化过程（陈亚宁，2003）。许多学者注意到地下水位与荒漠植被之间的关系，普遍认为地下水位是决定荒漠植被生长状态以及景观格局的关键因素。提出适宜水位、最佳水位、盐渍临界深度和生态警戒水位等。张惠昌从生态平衡角度提出“地下水生态平衡埋深”的概念。张天曾、张森琦、王永贵等提出“生态水位线”的概念，宋郁东等从满足植被生长需要的角度提出“生态地下水位”的概念。

干旱区生物过程微弱，生物生态系统规模小、稳定性低，地下水位的埋深是决定天然植被繁茂程度和土壤盐渍化的关键因素，是制约生态系统功能的重要环境因子。当地下水位埋深处于最佳生态水位时，植被生长较好，其他生态因子的变化，不起限制作用，而当地下水位处于生态警戒水位以下时，植物生命活动受到明显的限制，大部分衰败或死亡，植被会向着组成物种减少、结构简单、低矮、稀疏和生产力低的方向发展，生态系统功能退化。陈亚宁等分析了塔里木河下游植物物种多样性与地下水位埋深的相关性。通过对塔里木河下游断面植被与地下水埋深变化关系研究显示，随地下水埋深逐渐增加，土壤含水率逐渐减少，胡杨的冠幅和郁闭度都呈明显减少态势。随地下水位埋深的增加，植被的盖度、密度、群落发生了改变，其中盖度、密度递减幅度较大，而群落丰富度递减幅度较缓。

2.2.5　土壤侵蚀

土壤侵蚀遍布世界各地，严重影响了所有自然和人为生态系统，因此土壤侵蚀是世界上最严重的环境问题之一，它所带来的影响是深刻而持久的。我国沙漠边缘区随着人口的不断增加和人类活动方式和范围的扩大，土壤侵蚀已普遍影响到了沙漠自然生态系统。侵蚀使得自然生态系统的土壤质量降低，从而降低了其生产力，相应地动物、植物及微生物的多样性也减少了，最终使得整个生态系统的稳定性受到威胁。

魏翔研究认为土壤侵蚀对生态系统的影响主要表现在五个方面：①土壤侵蚀影响水分，侵蚀发生时会产生更多的地表径流，减少了进入土壤中的水分，能够支持植被的有效用水也会相应的减少。②土壤侵蚀影响养分，当土壤受到侵蚀时，基本的营养元素如氮、磷、钾、钙等元素流失。③土壤侵蚀影响土壤有机质，风蚀和水蚀都能有选择性地移走土壤中细微的有机颗粒而留下大的颗粒和石块。因为大多数土壤有机质一般都是土壤表层枯枝落叶的腐质分解产生的，因此表层土壤的侵蚀会导致土壤有机质的迅速减少。④土壤侵蚀导致土层变薄，植物生长需要一定的土层厚度来容纳根系伸展，不同的土壤植被对土层厚度要求也不尽相同。但土层厚度在侵蚀作用下持续下降，从 30 cm 减小到不足 1 cm，植被根系空间急剧减小，植被生长严重受阻，最终一些植被种类将会消失。⑤土壤侵蚀影响到生物总量和生物多样性，自然生态系统中的生物多样性直接与系统中的生物和非生物的有机物质总量有关（Wright，1990）。侵蚀控制不仅能保持土壤质量而且有利于植被生产，提高生态系统的生物多样性。

2.3 地质地貌与生态系统稳定性

基岩的特性影响并制约发育土壤的营养条件和有效成分，从而决定了生态系统物质循环的基础。一般岩性可分为黏性土、碎屑岩、砂岩、碳酸岩、岩浆岩、变质岩，所附之上的生态系统稳定性一般也依次增大。地形本身尺度及其与大气相互作用的复杂性，导致了地形影响降水的动力、热力、微物理效应十分复杂。

坡度表示地表面在某点的倾斜程度，坡度是地表的物质、能量的再分配的影响因素，也在一定程度上影响土壤发育、植被种类与分布，土地利用类型与方式也受其制约。坡度对土壤的影响是最明显的。坡度的陡缓，控制着水分的运动、物质的淋淀、侵蚀的强弱和母质层的厚度、颗粒的大小、养分的丰缺。在局部地区内，气候的水热条件基本上都是一致的，地形坡度往往是造成土壤差异的主导因素。这种处于同一气候带内，具有相似的母质来源的土壤，由于受局部地形坡度及内部排水特性影响而性质不同。坡度是影响土壤侵蚀的主要地形因子之一，在一定范围内，坡度的增大，降低了土壤的稳定性，土壤抗蚀能力减弱，土壤侵蚀量增加。

不同坡度的区域作物生长存在差异，表现为：①影响最大的就是作物对水分的吸收，坡度越大，位于山坡上方的植物相对于下方的植物吸收到较少的水分，但有利于发根；而低洼处的作物则有可能会受到涝害。②土壤流失从而引起土壤矿质营养的流失，坡面从上而下，土壤矿质营养表现为稀薄到富集，也就是肥力水平不均匀。③因为坡度影响，作物的整体受光也就不均匀，坡度越大的，影响越大，向光的一面生长旺盛，而背光一面则生长不良。④温度在坡顶和坡底的作物分布并不是相同的，夜间和大风天气上坡作物周围的温度较下坡作物周围的要低，白天则相反。坡度最好控制在 15°以下，有利于作物的生长发育。

2.4　生物要素与生态系统稳定性

2.4.1　植物

生态系统是一种复杂的、多要素、多变量的系统。组成生态系统的各个要素是通过能量的传递、物质的循环相互联系、相互制约的。具体的途径是食物链，而食物链的第一个环节就是生产者 —— 绿色植物（还包括少数自养菌类），这是生态系统中唯一能利用简单无机物制造有机物的自养者。从这里可以看出，植被在生态系统中的重要作用。

植物群落是生态系统的主要组分，生态系统运行的能量基本来源是绿色植物在光合作用中固定的太阳能，并供系统内的其他组分利用，所以植被是生态系统存在的基础，没有植被，系统内就没有可供传递的能量，也就没有生态系统。植被决定了一个生态系统的形态结构，植物的空间分布支配着动物和微生物的分布。不同类型的植物定居在一起，会产生空间层次的分化，植被的结构越复杂，为动物和微生物提供的生活环境越多样，动物和微生物的种类就越丰富，由食物链组成的食物网就越复杂多样，生态系统的稳定性就越大。植被强烈地改变周围环境的能力，对生态系统各方面产生深刻影响。植物的生命活动不仅受外界环境因素的支配，它本身也影响和改变外界环境。正是由于植被能改变周围的物理和化学条件，所以它为动物和微生物的生存提供多种多样的环境。植被对环境的改造作用是生态系统结构复杂化的基础（董君明，1992）。

苔藓植物具有一定的生态功能，该功能指苔藓植物利用自身群体效应对环境产生的有效作用。苔藓植物在荒漠生态系统中所起的生态作用均不容忽视，表现为 CO_2 固定、水土保持和涵养水源、营养物质的循环与贮存等方面。

2.4.2 动物

动物在生态系统中的作用是多方面的，它不仅有利于提高生态系统中物质循环的效率、效益和稳定性，而且还影响着生态系统的组成与结构，并在生态系统协同进化体系中占有极为重要的地位，发挥着重要的作用。

张录强（2010）认为动物在生态系统中有两方面的作用：①动物可显著提高生态系统中物质循环效率和效益，对于一个自然生态系统而言，并不一定必须具备消费者，只要有生产者（主要指植物）和分解者（主要指微生物），就可以形成“生产—分解—再生产”完整的物质循环，并持续地进行下去。但与具有完整“生产者—消费者—分解者”结构的生态系统相比，没有消费者的生态系统其物质循环的效率就要大打折扣。物质循环的效率很低，单位时间内可供生产者利用的营养物质的流量显著减少，从而制约了生态系统的进一步繁荣与发展。所以，没有消费者的生态系统一般很难繁荣，而且由于物种多样性低（缺少消费者），系统的稳定性差，生态效益也相对有限。②多样性的动物可以提高生态系统的稳定性，生态系统中动物的多样性越丰富，食物网越复杂，生态系统抵抗外力干扰的能力也就越强。在一个具有复杂食物网的生态系统中，一般不会由于一种动物的消失而引起整个生态系统的失调，但是任何一种动物的灭绝都会在不同程度上使生态系统的稳定性有所下降。

在荒漠半荒漠类型的生态系统中，鸟类的作用尤为重要。沙漠生态系统比较脆弱，又易受到有害啮齿类和昆虫的破坏，且极易泛滥成灾，而相对于机械和药物防治方法来说，鸟类的生物防治作用既科学又经济。鸟类与其生存环境之间相辅相成，在促进本地区生态环境良性循环和可持续发展种起着重要作用（张迎梅等，2002）。

在土壤生态系统中，土壤动物对于营养物质的转化、储存和释放、土壤微生物的调节及土壤理化性质的改变都发挥着重要作用（Swift et al.，1979；Hunt et al.，1987；Crossley Jr et al.，1992；Freckman& Ettema，1993；Edwards，2002；Fu et al.，2005）。土壤线虫是植物根际土壤生物区中非常活跃的一类生物体（Hoeksema et al.，2000）。由于它们（主要指非寄生性线虫）几乎无处不在，直接参与生态系统的物质循环和能量流动。

2.4.3　微生物

土壤中存在丰富的微生物资源，它们是土壤中最活跃的部分，是土壤分解系统的主要成分，不同土壤系统具有不同的微生物群落。微生物多样性既依赖于生态系统又服务于生态系统，在推动土壤物质转换、能量流动和生物地化循环中起着重要作用。

土壤生态系统中土壤微生物的作用主要体现在：①分解土壤有机质和促进腐殖质形成（Vossbrinck et al.，1979；许光辉等，1984；Scholle et al.，1992；李越中等，1992；Cortez & Bouché，2001）；②吸收、固定并释放养分，对植物营养状况的改善和调节有重要作用（娄隆厚，1962；Singh et al.，1989；李阜棣，1993；Roy & Singh，1994）；③与植物共生促进植物生长，如豆科植物的结瘤固氮（Allen & Allen，1981；Vincent，1982；李庆逵，1989）和植物菌根的形成（蚁伟民等，1990；Heckman et al.，2001；Lutzoni et al.，2001）；④在土壤微生物的作用下，土壤有机碳、氮不断分解，是土壤微量气体产生的重要原因（Smith et al.，2003；韩兴国和王智平，2003）；⑤在有机物污染和重金属污染治理中起重要作用。

2.5　生物多样性与生态系统稳定性

生物多样性是指生物及其所在生态复合体的种类丰富度和相互间的差异性，是生态系统稳定性的基础。关于“生物多样性”的内涵，根据联合国环境与发展大会报告，通常有 3 个层次：遗传（基因）多样性、物种多样性和生态系统多样性，其中物种多样性则应是生物多样性最基础和最关键的层次，生态系统多样性则是物种多样性和遗传多样性的基础与生存保证。近年来，有些学者（傅伯杰等，2001）还提出了把景观多样性（landscape diversity）作为生物多样性的第四个层次。

生物多样性与生态系统稳定性的关系是生态系统多样性领域研究的热点。关于生物多样性与生态系统稳定性关系的早期观点为：稳定性随生物多样性增加而提高（Mac Arthur，1955；Elton，1958）。然而生态学界对生物多样性—稳定性假说的争论从未停止过，例如，May（1973）通过一个多物种竞争模型说明：当竞争种数量增加时种群动态会变得更不稳定，且多样性与稳定性间不产生任何关系。DeAngelis、Glipin 和 Pimm 利用不同模型得出类似结论。King 和 Pimm（1983）模拟系统发现，高等植物多样性会导致更大生物量的稳定性。Gordon 等（2002）则认为现有特定种及物种总量能影响生态系统过程，且此过程对物种多样性的依赖性随物种生态位宽度而变化。因此，在物种多样性层次出现了观点不同的两大阵营，其中，一方试图通过实验证明一个生态系统确实因为其内部组成的物种多样性的降低而影响了其运作功能；另一方则对前者所取得的结论提出了质疑，认为该结论在很大程度上是由于“取样效应”造成的。两派的观点其实并不是完全对立的，即后者并没有否定物种在生态系统功能过程中的作用，而仅仅是怀疑前者所取得的数据是否有足够的说服力。总之生物多样性与稳定性密切正相关为多数学者所认可。

2.6 外来物种入侵与生态系统稳定性

“外来物种入侵”也称“生物入侵”，Elton 于 1958 年率先提出“生物入侵”的概念，他认为生物入侵是指“某种生物从原来的分布区域扩展到一个新的、通常也是遥远的地区，在新的区域里，其后代可以繁殖、扩散并维持下去”。英国当代研究生物入侵的权威专家 Williamson（1996）认为生物入侵是指“生物物种进入一个进化史上从未分布过的新地区，不考虑以后该种是否永远定居”。

外来种的入侵有其有益的一面，如石榴、菠萝、大玉米、马铃薯、番茄；华北地区的主要造林树种刺槐、紫穗槐来自北美等。这些植物资源为我国的经济社会发展和人民生活改善做出了巨大贡献。原产于我国的动植物也远走他乡，如美国加利福尼亚州 70%的树种，德国 1 000 多种植物均来自中国。

生物入侵更多的是对生态和环境造成破坏。生物入侵可在个体、遗传、种群、群落、生态系统等各个水平上产生影响，造成物种濒危、灭绝，生物多样性丧失，并严重影响原有生态系统的结构和功能。生物入侵造成了目前为止最难以恢复的的生态系统变异，这些改变是导致全球生物多样性丧失的主要原因，并影响了生态系统的稳定性。

对土壤系统而言：①生物入侵破坏土壤环境，影响土壤流失和侵蚀。若外来入侵植物生长快，林冠层可阻挡雨水，根分布广或地下茎不断生长，均有利于减少土壤的侵蚀。但有些外来种可加重侵蚀（吴燕，2011）。相反，外来物种也可改变地表覆盖，加速土壤流失，改变土壤化学循环，危及本土植物生存，改变水文循环，破坏原有的水分平衡，增加自然火灾发生频率，阻止本土物种的自然更新，改变本土群落基因库结构，加速局部和全球物种灭绝速度（保平，2002）。②外来种入侵会影响土壤的营养。有些外来种可以固氮，叶片营养丰富，凋落物易分解，可以增加土壤的含氮量；可降低土壤的营养水平，增加入侵地的野火频率、氮挥发，使土壤的含氮量降低，速效钾增加；可影响土壤的盐分含量，植物外来种可能含有或分泌影响微生物生长的物质，从而影响营养物质的循环。

对生物群落乃至生态系统而言，生物入侵可能破坏生态系统的平衡，瓦解生态系统的结构和功能；生物多样性的丧失，导致物种遗传多样性的贫乏，加剧了人类危机；生物入侵导致农业生态系统生产能力下降。彭少麟认为植物外来种对初级生产力的影响可能为正的、负的或中性。正面影响：新的生命形式、新的物候类型、用新的方式摄取资源、新的演替生态位。负面或中性效应发生的条件为：外来种生长率等于或小于被取代的本地，外来植物的残体难分解，外来种促进干扰。如果外来种垄断入侵地并易受病虫的侵袭，可能降低初级生产力。若外来物种具有生态适应能力强、繁殖能力强、传播能力强等特点，会打破原来固有的生态循环系统，有时甚至给当地环境带来压力和灾难，造成生态系统退化，危害生态安全。

2.7 人类活动与生态系统稳定性

从20世纪中期以来，人类活动对地球环境影响程度日益加剧，造成了水资源污染、土地退化、土壤侵蚀加剧、生物多样性丧失、全球变暖和极端天气频发等众多环境问题。科学技术发展和人类活动对生态环境要素干扰加剧。干旱、半干旱荒漠区的生态系统不仅受自然因素的影响，还受人类活动的方式、强度、持续时间等有关。

2.7.1 城市化

绿洲生态系统是干旱、半干旱荒漠区的一种重要的生态系统类型，是干旱区人类经济社会发展的基地，但其系统脆弱性也很明显。由于人口不断增长、工农业不断发展、污染加重，人地矛盾日趋突出，绿洲生态环境局部改善，但整体恶化趋势明显，绿洲生态环境面临前所未有的巨大压力，城市化进程所带来的负面影响对绿洲生态系统的稳定造成潜在的威胁。绿洲城市化是逐步破坏绿洲自然生态系统并根据需要建立完全的人工生态系统——城市生态系统的过程（龙爱华等，2002），可以说城市化过程就是绿洲生态系统人工化的过程。绿洲人工化过程必然干扰乃至中断绿洲的自然演替进程，从而影响其稳定性，或者即便能实现绿洲的相对稳定发展，也需投入大量的资源、人力成本维持。

2.7.2 资源开发

资源开发从广义上理解包括以下两个方面：①开拓，包括土地开垦、矿产开掘、森林资源的砍伐、水能的人工控制等与资源开发相关的经济活动，主要目的是扩大资源利用的规模；②发展，主要是扩大资源开发活动的区域和提高开采所得到资源利用程度。资源开发的生态影响存在两种方式：一是直接破坏原有物种、群落及生态结构；二是以各种污染侵蚀水环境、土壤环境、大气环境方式间接影响生态。环境污染可以是人类活动的结果，也可以是自然活动的结果，或是这两类活动共同作用的结果。但通常情况下，环境污染是指人类活动向自然环境中投入的废弃物超过自然生态系统的自净能力，并在环境中扩散、迁移、转化，使环境系统的结构和功能发生变化对人类和其他生物的正常生存和发展产生不利影响的现象（张韶季，1999）。环境污染对生态系统的影响尤为突出，特别是对生态系统多样性和复杂性的影响。生态系统的自动调节能力是有一定限度的，所以，当干预因素超过其生态系统的允许值时，自动调节能力就随之降低或消失，从而引起生态系统的失调，造成生态系统的崩溃。如资源工业生产排放含重金属的污水导致土壤污染，进而重金属随吸收循环进入植物体内并不断积累，阻碍植物的生长与发育，长此以往影响了植物群落的发展和演替，最终对生态系统产生影响。

沙漠生态系统相对比较脆弱，污染更易诱发其生态系统退化乃至崩溃，恢复起来十分漫长，腾格里沙漠污染事件就是典型。腾格里沙漠位于内蒙古、宁夏和甘肃交界处，是中国的第四大沙漠，也是中国沙区中治沙科研示范区。在内蒙古阿拉善左旗与宁夏中卫市接壤处的腾格里沙漠腹地，分布着诸多第三纪残留湖，地下水资源也丰富，区域内有诸多国家级重点保护植物，是当地牧民的主要集居地，与黄河的直线距离也仅有 8 km。1999 年成立的腾格里工业园区及中卫市造纸厂等企业每年的排污量超 60 万 t。大量化工企业纷纷进驻腾格里沙漠，这些企业又将未经处理的污水源源不断地排入沙漠，并且大量开采着地下水用于生产，一旦地下水被污染，千百年来牧民们生存的栖息地不仅将失去，更重要的是，对地下水十分敏感的沙漠生态系统可能也将面临严重威胁。

2.7.3　建设施工

建设工程对环境的影响，主要是通过对地表植被和土壤结构的破坏，导致植被覆盖度降低，植物种类减少以及土层结构破坏，使荒漠系统的结构和功能下降，局部生态环境恶化，伴随水土流失和风沙活动加强。

例如，青藏铁路建设对荒漠地区生态影响主要有：路基填埋或开挖，直接破坏地表植被和植物物种，使影响区域植被分布面积减少，植物群落盖度和植物物种多样性下降，影响野生动物的迁徙和交流，改变地表径流方向，导致生态系统萎缩或退化；地表取土或弃土，破坏地表植被和土壤结构，改变地形地貌以及自然景观，使区域植被盖度和植物多样性下降，自然景观破碎化，导致生态系统的结构和功能下降；场地占用、机械碾压以及人员活动等可破坏地表植被和土壤结构，降低生态系统功能（程昊、陈泽昊，2003）。

宁夏中卫沙坡头自然保护区是我国北方地区第一个沙漠生态类型的自然保护区，设立主要目的之一就是为保障宝兰铁路和S201公路的畅通。如今保护区内及毗邻地区各种建设项目较多，人类活动较频繁，如运营多年的宝兰铁路、S201过境公路、沙坡头旅游区、沙坡头水利枢纽、西气东输一期工程、沙坡头香山机场及在建的石空—兰州输油原油管道、西气东输三线工程、中营高速。建设项目对生态的影响主要包括植被损毁、生境破碎化、水体污染、干扰动物栖息与繁衍等。

2.7.4 放牧

土壤、植被和家畜生产系统是陆地生态系统中物质循环和能量流动的重要组成部分，根据“中度干扰理论”，适当的放牧可以增加草地群落的生物多样性，增加草地生态系统中的物种数，提高草地产草量，促进草地的稳定性和可持续发展。但过度放牧的负面影响也是多方面的、持久的，主要表现为：①对植被的影响。随放牧强度增加，群落类型由单一到复杂再到单一，结构趋于简单化。为了适应退化的土壤、生物环境，植物物种向旱生化和盐生化发展。同时过度放牧使草本植物高度降低，植株变稀疏，地上生物量和地下生物量均大幅降低。②对土壤特性的影响。过度放牧影响土壤的水分循环、有机质和土壤盐分的累积，而且还通过牲畜的践踏、采食以及排泄物直接影响土壤的结构和化学性质。植物群落生物量的降低，将直接影响植物对土壤水分和营养元素的吸收，造成有机干物质生产和地表凋落物累积减少，归还土壤的有机质降低，导致土壤贫瘠化和干旱化（李瑜琴，2005）。

第 3 章　干旱沙漠自然保护区生态系统稳定性评估总则

3.1　评估范围

生态因子之间与群落、生境之间互相影响和相互依存的关系是划定评价范围的原则和依据。评估范围主要根据评价区域与周边环境的生态完整性来确定。

3.1.1　评估基础生态系统——干旱荒漠生态系统

本书旨在探讨干旱荒漠生态系统稳定性，因此干旱荒漠生态系统是评估的主体。荒漠生态系统是地球上最耐旱的，以超旱生的小乔木、灌木和半灌木占优势的生物群落与其周围环境所组成的综合体。它以其极端干旱少雨的显著特征，成为最耐旱的，以超旱生的灌木、半灌木或小半灌木占优势的一类生态系统，并涉及其生物群落、生境条件以及与此相关的生态过程。它是在亚热带干旱区及温带干旱区极端干旱缺水的生境条件下形成的。其主要生物群落特征是组成种类少、植物群落结构简单、地表盖度低、生产力水平低。

吴征镒等（1980）将荒漠生态系统按气候条件划分为热带、亚热带荒漠，冷洋流沿岸的海岸荒漠、中纬度的温带荒漠以及干旱寒冷的高寒荒漠等；按土壤基质类型又可划分为沙质荒漠（荒漠）、砾石荒漠（砾漠）、石质荒漠（石漠）、黄土状或壤土状荒漠（壤漠）、风蚀劣地（雅丹）荒漠和盐土荒漠（盐漠）。

我国荒漠是发育在降水稀少、蒸发强烈、极端干旱生境下的稀疏生态系统类型，主要分布在西北干旱区，荒漠和戈壁面积约 100 多万 km^2，占我国国土面积的 1/5。荒漠区生态系统类型按植被组成可分成 4 个类型：小乔木荒漠、灌木荒漠、半灌木与小半灌木荒漠和垫状小半灌木（高寒）荒漠。小乔木荒漠建群植物是超旱生的无叶小乔木，优势植物主要有梭梭、白梭梭（*Haloxylon persicum*），在良好的条件下所形成的荒漠森林是温带荒漠中生物产量最高的生态系统类型（倪永明、欧阳志云，2006）。

荒漠生态系统的分类是荒漠生态评价的基础和依据，主要是从生态系统的结构和功能两个方面着手。西部干旱区的荒漠生态系统分类依据植被景观，以景观生态分类的方法和原则，运用地理信息系统的技术手段，从荒漠生态系统的空间结构着手，通过分类系统的建立，全面反映一定区域景观的空间分异和组织关联，揭示其空间结构与生态功能特征。具体荒漠生态系统的划分如表 3.1 所示，荒漠生态系统划分为 5 个一级类型，15 个二级类型。其中半乔木型荒漠在古尔班通古特沙漠的大部分地区、天山山脉南麓、阿拉善高原北段中部地区和柴达木盆地周边部分地区有分布，面积为 1.52 万 km^2，占荒漠生态系统的 12.4%。多汁盐生矮半灌木型荒漠仅包含盐爪爪盐漠一类生态系统，面积有 1.40 万 km^2，只占荒漠生态系统的 1.2%，主要分布在内陆河末端平缓地区和湖相沉积区，包括塔克拉玛干沙漠的北端和东端、柴达木盆地的东南端以及贺兰山以北的荒漠化地区，植物群落以盐爪爪为主，呈现盐漠景观。灌木—半灌木型荒漠是荒漠生态系统的主要组成部分，总面积为 4.73 万 km^2，占荒漠生态系统的 38.6%，集中分布在东至鄂尔多斯高原、南至青藏高原北部、西至塔里木盆地西端和北至准噶尔盆地的广大地区。矮半灌木型荒漠面积为 3.20 万 km^2，占荒漠生态系统的 26.2%，包括以琵琶柴砾漠为主的 4 类生态系统，分布规律与灌木—半灌木荒漠相似，只在青藏高原上没有分布，且相邻分布区的海拔比灌木—半灌木型荒漠略高。其中合头草低山岩漠分布在天山山脉东端山麓地带和青藏高原南麓以及阴山山脉西端的岩石裸露区，面积为 9.60 万 km^2；琵琶柴砾漠面积为 1.52 万 km^2，主要分布在塔里木盆地西北、东南边缘靠近山区的地带、内蒙古和甘肃西部和贺兰山周边地区，呈现戈壁景观；蒿属—短期生草壤漠面积为 2.80 万 km^2，主要分布在准噶尔盆地的中部一条狭长地带和西段中部、北部中间地区；假木贼砾漠面积为 4.40 万 km^2，集中分布于准噶尔盆地的北端，其他地区仅有少量分布，呈戈壁景观。高寒匍匐矮半灌木型荒漠面积有 2.65 万 km^2，占荒漠生态系统的 21.7%，在我国仅有垫状驼绒藜—藏亚菊沙砾漠一类生态系统，集中分布于青藏高原北部昆仑山和阿尔金山地区，呈现典型的高寒荒漠景观（陈亚宁，2010）。

表 3.1 荒漠生态系统类型

荒漠生态系统一级类型	荒漠生态系统二级类型
矮半灌木荒漠	合头草低山盐漠 假木贼砾漠 琵琶柴砾漠 蒿属、短期生草壤漠
多汁盐生半灌木荒漠	盐爪爪盐漠
灌木、半灌木荒漠	膜果麻黄砾漠 骆驼藜沙砾漠 三瓣蔷薇、沙冬青、四合木沙砾漠 油蒿、白沙蒿荒漠 沙拐枣荒漠 极稀疏柽柳荒漠
半乔木荒漠	梭梭荒漠 梭梭柴、琵琶柴壤漠 梭梭砾漠
高寒匍匐矮半灌木荒漠	垫状骆驼藜、藏亚菊沙砾漠

我国的西部荒漠生态系统处于温带大陆性气候区内，水分条件是不同生态系统类型发育的主要诱因。一定的地表水或地下水会使生态环境发生改变，生产力提高，但也会引起荒漠次生盐渍化。荒漠生态系统生物和荒漠环境组成了一个兼有资源丰富和系统脆弱双重性的独特陆地生态系统，其中植被是该生态系统的物质循环、能量流动的基础，也是维持生态系统正常功能的前提，并成为区分生态系统类型的明显指标。

3.1.2 评估重点区域——干旱沙漠区荒漠生态类型国家级自然保护区

我国广大的干旱沙漠地区大多处于草原与沙漠过渡地带，分布在该区域的各类自然保护区超过 300 处，约占国土面积的 6%，其中以保护荒漠生态系统为主的自然保护区 31 个（包含国家级 12、省级 14 个、县级 5 个），其生态环境极为脆弱，生态地位极其重要，是脆弱生态系统的典型代表。

干旱沙漠自然保护区是指位于干旱区，以沙漠景观为主，或含有一定量的沙漠景观的自然保护区。鉴于沙漠是荒漠的一种重要类型，干旱沙漠自然保护区通常都位于以荒漠生态系统为主的区域。其总面积 4.09×10^7hm^2。其中国家级 3.63×10^7hm^2，占总面积的 88.78%，省级 4.37×10^6hm^2，占总面积的 10.68%，县级 2.20×10^5hm^2，占总面积的 0.54%。分布在内蒙古、黑龙江、西藏、陕西、甘肃、青海、宁夏和新疆 8 个省、自治区。主要分布在内蒙古、甘肃和新疆，分别设有 16 个、5 个和 4 个。按面积则最多的是西藏、新疆和内蒙古，分别有 2.98×10^7hm^2、4.99×10^6hm^2、4.09×10^6hm^2，分别占总面积的 72.81%、12.19%、10.01%（表 3.2）。

表 3.2　全国荒漠生态类型自然保护区（截至 2015 年）

序号	省区	保护区名称	行政区域	总面积/hm^2	主要保护对象	类型	级别	始建时间	主管部门
1	蒙	白二爷沙坝	和林格尔县	8 000	荒漠生态系统及野生动植物	荒漠生态	县级	1996-3-1	林业
2	蒙	巴音杭盖	达尔罕茂明安联合旗	49 650	荒漠草原生态系统	荒漠生态	省级	2001-12-1	林业
3	蒙	乌旦塔拉	科尔沁左翼后旗	23 471	沙地原生植被	荒漠生态	省级	2001-12-27	林业
4	蒙	阿贵庙	准格尔旗	107	荒漠植被	荒漠生态	县级	1987-1-1	林业
5	蒙	毛盖图	鄂托克前旗	83 246	荒漠植被及野生动植物	荒漠生态	省级	2003-1-1	林业
6	蒙	毛乌素沙地柏	乌审旗	31 250	荒漠生态系统及臭柏林	荒漠生态	省级	2000-9-28	林业
7	蒙	哈腾套海	磴口县	123 600	绵刺及荒漠草原、湿地生态系统	荒漠生态	国家级	1995-1-1	林业
8	蒙	乌拉特梭梭林－蒙古野驴	乌拉特后旗	68 000	梭梭林、蒙古野驴及荒漠生态系统	荒漠生态	国家级	1985-10-1	林业
9	蒙	乌和尔沁敖包	正蓝旗	139 300	沙地疏林	荒漠生态	县级	2000-1-1	环保
10	蒙	东阿拉善	阿拉善左旗	1 071 549	荒漠生态系统	荒漠生态	省级	1996-10-1	林业

序号	省区	保护区名称	行政区域	总面积/hm^2	主要保护对象	类型	级别	始建时间	主管部门
11	蒙	腾格里沙漠	阿拉善左旗	1 006 450	沙漠生态系统	荒漠生态	省级	2003-3-1	林业
12	蒙	巴丹吉林	阿拉善右旗	489 011	荒漠生态系统及盘羊、梭梭等野生动植物	荒漠生态	省级	1997-4-1	林业
13	蒙	巴丹吉林沙漠湖泊	阿拉善右旗	717 060	荒漠生态系统及湖泊湿地	荒漠生态	省级	1999-5-1	环保
14	蒙	额济纳胡杨林	额济纳旗	26 253	胡杨林及荒漠生态系统	荒漠生态	国家级	1986-6-1	林业
15	蒙	额济纳旗梭梭林	额济纳旗	66 667	荒漠生态系统及梭梭林、肉苁蓉等野生动植物	荒漠生态	县级	1998-12-2	环保
16	藏	羌塘	安多、尼玛、改则、双湖、革吉、日土、噶尔等县	29 800 000	藏羚羊等有蹄类动物及高原荒漠生态系统	荒漠生态	国家级	1993-7-9	林业
17	陕	大荔沙苑	大荔县	5 000	荒漠生态系统	荒漠生态	县级	1999-12-2	环保
18	甘	芨芨泉	金昌市金川区	51 070	荒漠生态系统及野生动植物	荒漠生态	省级	2005-8-6	林业
19	甘	武威沙生植物	武威市凉州区	850	沙生植物	荒漠生态	县级	1972-11-1	其他
20	甘	民勤连古城	民勤县	389 883	荒漠生态系统及黄羊等野生动物	荒漠生态	国家级	1982-1-1	林业
21	甘	安西极旱荒漠	安西县	800 000	荒漠生态系统及珍稀动植物	荒漠生态	国家级	1987-6-2	环保
22	甘	昌马河	玉门市	68 250	高山荒漠	荒漠生态	省级	1996-3-21	林业
23	青	柴达木梭梭林	德令哈市	373 391	梭梭林、鹅喉羚及荒漠植被等生态系统	荒漠生态	省级	2000-5-1	林业
24	青	诺木洪	都兰县	118 000	荒漠生态系统、地质遗迹、野生动植物等	荒漠生态	省级	2005-10-1	环保

序号	省区	保护区名称	行政区域	总面积/hm^2	主要保护对象	类型	级别	始建时间	主管部门
25	宁	灵武白芨滩	灵武市	74 843	天然柠条母树林及沙生植被	荒漠生态	国家级	1985-1-1	林业
26	宁	哈巴湖	盐池县	84 000	荒漠生态系统、湿地生态系统	荒漠生态	国家级	1998-7-1	林业
27	宁	沙坡头	中卫市	14 043	自然沙生植被及人工治沙植被	荒漠生态	国家级	1984-9-1	环保
28	新	奇台荒漠类草地	奇台县	38 600	荒漠生态系统及荒漠草原生态系统	荒漠生态	省级	1986-7-5	农业
29	新	塔里木胡杨	尉犁县、轮台县	395 420	胡杨、灰杨林	荒漠生态	国家级	1983-1-1	林业
30	新	阿尔金山	若羌县	4 500 000	有蹄类野生动物及高原生态系统	荒漠生态	国家级	1983-1-1	环保
31	新	甘家湖梭梭林	乌苏市、精河县	54 667	梭梭林及其生境	荒漠生态	国家级	1983-9-1	林业

资料来源：《全国自然保护区名录》，北京：中国环境出版社，2016。

随着区域经济的发展，干旱沙漠自然保护区受到水资源过度利用、人口增加以及气候变化等诸多因素影响，加之各种不合理的开发建设活动时有发生，重经济轻环保的短视行为比较严重，使得保护区生态系统呈现出结构简单、自我调节和抗逆性下降等不良现象，普遍面临沙漠化的巨大威胁。因此如何合理保护自然生态系统，如何改善和修复乃至重建受损生态系统，如何维持和利用人工及人工-自然复合生态系统的可持续发展等成了摆在全球生态学家、各国政府部门以及各种生产团体与个人面前的一个极其重要的问题。这些问题，究其本质，就是生态系统的稳定性问题。

由于生态系统与自然环境间紧密联系、生态系统内部各组分非线性关联、系统状态的涨落特征以及系统内部的时空异质性等复杂特征，使得生态系统的稳定性研究面临许多困难。目前对生态系统稳定性的理解和判别方法等仍处于广泛讨论的起步阶段。因此从生态系统的基本特征出发，深入探讨生态系统稳定性及其判别方法，不仅具有重要的理论意义，对脆弱生态区生态重建及可持续发展也有较重要的实践指导意义。

自然保护区是指对有代表性的自然生态系统、珍稀濒危野生动植物物种的天然集中分布、有特殊意义的自然遗迹等保护对象所在的陆地、陆地水域或海域，依法划出一定面积予以特殊保护和管理的区域。

中国自然保护区分国家级自然保护区和地方级自然保护区，地方级又包括省、市、县三级自然保护区。自然保护区是一个泛称，实际上，由于建立的目的、要求和本身所具备的条件不同，而有多种类型。按照保护的主要对象来划分，自然保护区可以分为生态系统类型保护区、生物物种保护区和自然遗迹保护区 3 类；按照保护区的性质来划分，自然保护区可以分为科研保护区、国家公园（即风景名胜区）、管理区和资源管理保护区 4 类。不管保护区的类型如何，其总体要求是以保护为主，在不影响保护的前提下，把科学研究、教育、生产和旅游等活动有机地结合起来，使它的生态、社会和经济效益都得到充分展示。和其他重要生态系统一样，国家把荒漠生态系统类型及自然历史遗迹等划出一定的面积，设置机构建设，成为管理、保护、发展自然资源，开展科学研究工作的重要基地。由于生物界和自然环境每时每刻都在不断地变化、不断地发展，尤其是由于人类频繁活动的干扰，使它们不能按原来自然条件下的演变来完成其发展和变化。

中国建立自然保护区的目的是保护珍贵的、稀有的动物资源，以及保护代表不同自然地带的自然环境的生态系统，还包括有特殊意义的文化遗迹等。其意义在于：保留自然本底，它是今后在利用、改造自然中应循的途径，为人们提供评价标准以及预计人类活动将会引起的后果；贮备物种，它是拯救濒危生物物种的庇护所；科研、教育基地，它是研究各类生态系统的自然过程、各种生物的生态和生物学特性的重要基地，也是教育实验的场所；保留自然界的美学价值，它是人类健康、灵感和创作的源泉。自然保护区对促进国家的国民经济持续发展和科技文化事业发展具有十分重大的意义。

本书目标在于探讨干旱沙漠区荒漠生态类型自然保护区生态系统的稳定性，因此评估范围重点面向干旱沙漠内部及边缘区的荒漠生态系统类型的自然保护区。综合区位、生态重要性、社会经济影响，选取 3 个有代表性的国家级自然保护区进行重点研究，具体为：宁夏中卫沙坡头国家级自然保护区、甘肃民勤连古城国家级自然保护区与内蒙古哈腾套海国家级自然保护区。其概况见表 3.3、空间分布见图 3.1。

表 3.3 三大自然保护区基本情况

名称	甘肃民勤连古城	内蒙古哈腾套海	宁夏沙坡头
面积/hm^2	389 882.5	123 600	14 043.09
保护对象	荒漠生态系统、珍稀动植物	荒漠生态系统、珍稀动植物	自然与生态沙漠植被人工林生态系统、湖泊湿地生态系统及生物多样性
自然特点	腾格里及巴丹吉林两大沙漠环绕 年均降水量 110 mm	西南临乌兰布和沙漠南临黄河 年均降水量 142.7 mm	北邻沙漠，南靠黄河 年均降水量 186.6 mm

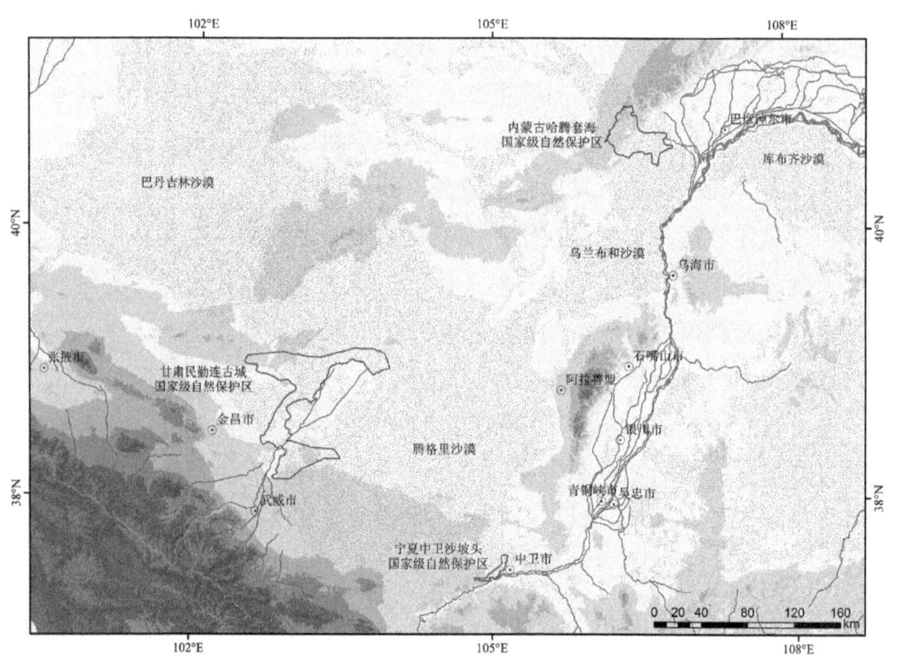

图 3.1 三大干旱沙漠自然保护区分布示意图

3.2　评估工作流程

干旱荒漠生态系统稳定性评估的工作流程包括三个阶段（见图 3.2）：

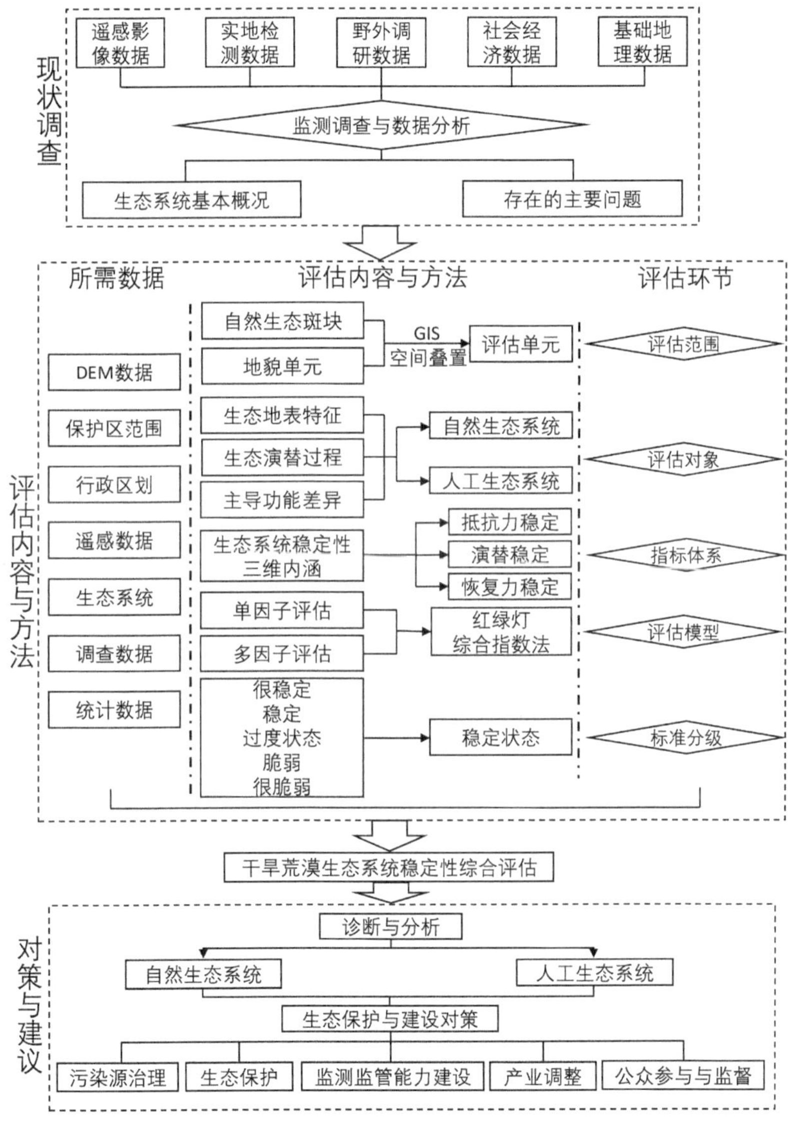

图 3.2　评估工作流程

1．现状调查

通过生态系统调查、遥感与野外监测、经济社会统计等手段，了解保护区及毗邻地区荒漠生态系统的基本状况和存在的主要问题。

2．评估内容与方法

以国家级自然保护区为基本评估范围，以自然生态系统和人工生态系统为基本评估对象，选取评估指标体系，判别保护区不同尺度生态系统的稳定性状况。主要有评估范围、评估对象、指标体系、评估模型及标准分级 5 个环节组成。

3．对策与建议

在干旱荒漠生态系统稳定性评估分析的基础上，结合保护区发展的现实状况，提出保护区生态系统管理和稳定性保持的建议与举措。

3.3 评估指标体系构建

3.3.1 构建原则与标准

建立一套能够全面反映生态系统稳定性的评价指标体系是一项较为复杂的基础性工作。系统、科学地选取系统稳定性评价指标，确定各指标因子在生态系统稳定性中的贡献率，对于评价结果的可信度和准确度有着重要影响。所选取的指标是否合理，还要遵循一定的原则。

1．科学性原则

指标选取建立在科学的基础上，对生态系统具有全面的认识，具有严谨的科学依据，能准确、全面、系统地体现生态系统稳定的内涵特征，正确反映生态系统内部关系，生态系统所受到的外部干扰以及景观空间格局对生态系统稳定的影响。

2．可持续性原则

生态环境总是处在动态变化过程中，它与一定的技术条件和社会水平相联系，指标的选取不仅立足于现在，也要考虑未来的可持续利用，因此评价指标的选取要体现可持续发展的内涵。

3．代表性原则

在诸多评价指标因子中，受环境的地域差异性影响，一定要选择符合干旱地区荒漠生态系统这一特殊环境的评价指标。综合考虑各指标因子的权重，选择具有代表性的主导指标因子对其进行生态系统稳定性评价，全面反映生态系统的动态变化。

4．可行性原则

选择指标要从实际情况出发，选择敏感性强、可测性好、易于获得的具体指标，是实现生态系统稳定性评价的基础。当前对生态系统稳定的界定涉及一系列指标，其中有些指标难以定量化，只能采取定性描述的方式。因此，定量指标和定性指标相结合才能更全面、方便地衡量系统稳定性，使生态系统稳定评价更具可行性。

5．综合性原则

生态系统稳定的影响因素有自然和人为之分，有来自生态系统内部也有来自系统以外的，因此要综合考虑各种影响因子，建立能够相对全面反映干旱地区荒漠生态系统稳定的指标体系。在此基础上，可将指标筛选具体标准归纳为 8 个方面（见表 3.4）。

表 3.4 干旱沙漠生态系统稳定性评估指标筛选标准

筛选标准	具体含义
与管理目标相关	指标能结合管理目标，提供具有指示意义的、明确的信息，服务生态系统保护与管理决策
与干旱荒漠生态系统稳定性相关	指标用于评估干旱沙漠生态系统稳定性，能涵盖与之相关的自然与社会问题
方法完善	指标定义明确、科学，评价方法合理，数据获取方法可靠，便于进行长期、持续的测定
逻辑清晰	按照生态系统稳定性内涵逻辑关系组织指标
灵敏性	指标对变化敏感，能密切跟踪环境及生态因子的变化
代表性	指标数量无须过多，但应能揭示生态系统稳定性评价中的重点问题
综合性与灵活性	指标体系稳定，能最大限度地满足不同使用者的需求
适用性与推广性	易于理解与掌握，评价结果不仅被研究者所掌握，也便于管理者所理解与认知

3.3.2 评估指标体系选取的依据与逻辑框架

1．选取依据

稳定性是生态系统的重要特征之一，也是决定生态系统兴亡的重要特性。但生态系统的稳定性是一个非常复杂的问题，所涉及的内容包括生态系统的类型、组成、生态功能和一切干扰因素。目前，对生态系统稳定性的测度与评价也多样，尚无统一的方法与标准。

一个可持续的生态系统，应该是稳定的和健康的，是正常演替的，在时间上能够维持自身的组织结构，在功能上具有应对胁迫的恢复力，在结构上能够可持续性的进化，其内涵具体表现为抵抗力稳定性、恢复力稳定性、演替稳定性三个方面。

（1）演替稳定性。群落或生态系统在达到演替顶极后出现的能够进行自我更新和维持并使群落的结构、功能长期保持在一个较高的水平、波动较小的现象。其中结构指标是群落的物种组成，特别是优势种或建群种的种群稳定对群落稳定有决定作用。功能则指物质与养分循环、生物量和生产力等代表性指标。

（2）群落或生态系统在受到干扰后维持其原来结构和功能状态、抵抗干扰的能力，称抵抗力稳定性。

（3）群落或生态系统受到干扰后回到原来状态的能力，称为恢复力稳定性。

其中（1）的稳定性概念主要与群落演替有关，F.E Clements（1961）较早研究群落演替时就已提出和使用，认为顶级群落是生物与环境在长期相互作用演变过程中相互适应和协调统一的产物，具有维持其结构和功能相对不变的稳定性，称其为演替稳定性。（2）和（3）的稳定性概念主要关注生态系统在受到干扰后的反应，是目前比较公认的稳定性概念，由于在定义中与干扰相联系，称其为干扰稳定性。

三种稳定性概念在目前的研究中都在使用，三者的含义既相联系又有所区别。由于群落演替是生态学中最重要的概念之一，因而演替稳定性是最早被普遍接受和广泛认同的稳定性概念。群落演替与稳定性有着紧密的联系，对认识植被稳定性有着非常重要的实际意义，至今很多学者在讨论稳定性时都是以演替稳定性概念为基础进行的。干扰稳定性概念的情况则有所不同，由于具体的干扰形式对群落的影响具有不同的性质，群落受到干扰后的反应也与群落的类型有关，因此，当与干扰相联系后，情况就变得更为复杂。

2．逻辑框架

逻辑框架是构架指标体系的重要基础，也是筛选指标的基本指导。通过确定逻辑框架，对生态系统稳定性指标进行组织分类，有助于提取和归纳有价值信息，实现生态系统稳定性综合评价。

生态系统稳定评估的逻辑框架有以下几个方面：①Odum（1984）最早提出稳定生态系统的框架，涉及群落的能量、群落结构、营养物质循环、生活史等 7 方面 22 项指标，分别代表生态系统的结构功能与能流状态。②干扰前后变化对比。动物生态学家（刘德广等，2001）用动物干扰前后种群密度的变化来表达动物群落的稳定性。植物生态学家（白永飞，2000；石永红，2000；郑元润，1999）用干扰前后物种的组成、频度、盖度、丰富度、生物量的变化评估群落稳定性。③自然、经济与社会系统的结合评估生态系统稳定性（马世骏和王如松，1984）。指标体系构建逻辑思路有两条思路：主线是基于稳定性三维内涵筛选出一系复合指标。副线是在生态稳定性敏感影响因素辨识基础上，结合已有成果频度分析，形成指标族。二者的结合形成初步的指标体系，并经专家意见咨询和验证，确定最终的指标体系（见图 3.3）。

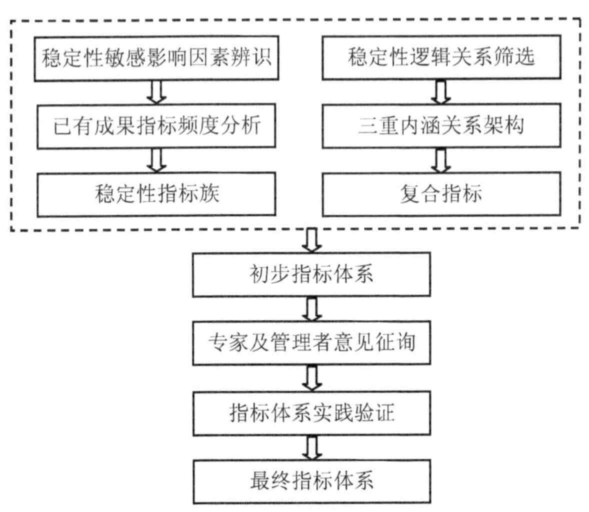

图 3.3　指标体系确立过程

3.4 指标体系结构

最终确定的指标体系分 3 个层次、7 个复合指标、19 个具体评价指标（见图 3.4）。

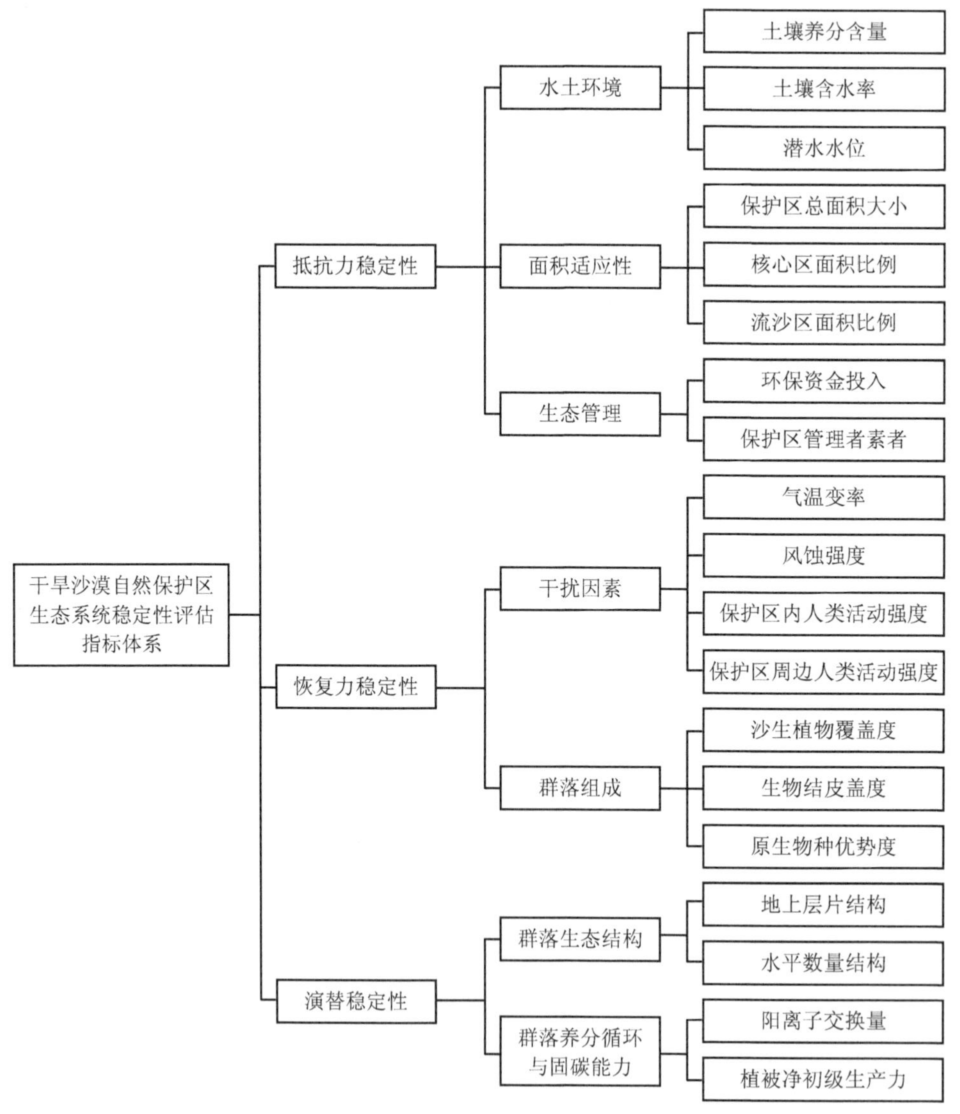

图 3.4 干旱沙漠自然保护区生态系统稳定性评估指标体系

3.5　评估工作层次与分级

评价指标体系以干旱荒漠生态系统稳定性评估为目标，并根据逻辑结构对评价内容进行分解，主要由 4 个层次组成：目标层（A）、准则层（B）、复合指标层（C）与指标层（D）（见表 3.5）。

表 3.5　干旱荒漠生态系统稳定性评估的层次

层次	指标代码	描述
目标层	A	干旱荒漠生态系统稳定性评估
准则层	B_i	基于稳定性三维内涵
复合指标层	C_i	确定评价内容的若干方面
指标层	D_i	确定具体评价内容和参数

生态系统稳定性评估包括格式、内容应符合相关的要求，并根据评估范围的大小，将生态系统稳定性评估分为 1～5 级，即很稳定、稳定、临界状态、脆弱、很脆弱。

通过对相关已有成果的对比分析，并结合区域实际，确定三个尺度的生态系统稳定性，并根据评估因子变化程度和范围进行工作级别划分。生态系统稳定性变化程度应采用定量或半定量方式表述。难以定量的变化应采取专家评估的方式确定，也可通过历史资料的综合比较，采用背景比较分析方法确定。对照历史上本系统的量值或经典文献提供的地球上本系统的平均值进行量算。可以根据保护区的性质、规模、保护区所在区域生态环境的敏感程度，生态系统的空间分布对评价的级别作适当调整，但调整幅度上下不应超过一级。

3.6　评估期限

参考表 3.6，并结合评估自然保护区发展实际，本研究评估期限基本定为 20 年，能较好地反映出干旱荒漠生态的变化过程。

表 3.6 不同生态系统类型实施评价时间尺度

生态系统类型	生态学模型	数据和知识	时间尺度
个体及物种	—	—	秒、分、时、天、月、年
群落与生态系统	生态系统生产力模型 生物化学循环模型 食物链模型 物种迁移与分布格局模型	气候、微气候与变化；地质地貌、土壤理化特征及其异质性；动植物生理生态特征与环境适应性；物种组成与多样性、群落结构；物种相互关系植物营养与水分	一年或几年
景观生态系统	生态系统服务模型 区域经济与社会发展模型 土地利用与资源变化模型	气候、地形和土壤理化特征的空间分布；群落与生态系统类型空间分布；生态系统服务空间变异	几年或几十年（近 20～30 年）
生物圈	—	—	几十年，几百年以上

评估包括三个方面：

（1）历史评估。随着自然变化以及人为活动的干扰，过去几十年里，荒漠生态系统发生了巨大的变化，进行历史评估对掌握其变化趋势、进行未来预测评估具有重要意义。在查阅历史资料基础上，以“3S”技术为支撑，结合遥感影像提取信息，以时间为轴，选取不同时间点的生态系统为评估对象，对相同的指标进行评估，以得到动态变化信息，对生态系统稳定性进行评价。

（2）现状评估。现状评估的优点在于对信息获取的直接、便捷，可根据自身需要选择性的观测，同时加入了研究人员的主观判断。在保护区现状生态环境基本特征调查的基础上对其生态系统稳定性进行现状评价。

（3）预测评估。干旱荒漠地区的生态系统稳定与否直接关系到其可持续发展，通过预测评估了解干旱荒漠地区的发展与可持续发展目标之间的差距，为决策部门提供有益的信息，以便采取积极有效的措施，调整发展方向，抑制或减缓生态系统环境的恶化过程。

第 4 章　干旱沙漠自然保护区生态系统稳定性评估指标确立

4.1　生态系统抵抗力稳定性指标确立

4.1.1　复合评估指标

1．水土环境（C_1）

水土环境是生态系统生境的重要组成部分，也是维持生态系统物质循环、生态功能的重要基础。自然保护区水土环境一定程度上决定了植被群落的空间选择与分布。考虑到水分运移过程中对植物生长的相对有效性，可选择土壤养分含量（D_1）来反映“土”的信息，选择土壤含水量（D_2）、潜水水位（D_3）来反映水土环境中的“水”的信息。

2．面积适宜性（C_2）

建立自然保护区是寻求生物多样性保护的重要途径之一，然后一个现实问题是：需要保护的物种，在什么条件下才能长久生存？研究物种的存在条件，首先要研究群落或景观面积。Barkman（1989）提出生物最小面积是植物群落中全部种类正常生长和繁殖所需要的群落面积，可分三个层次：①空间最小面积。植物群落每一种至少出现一个个体（株或丛）的最小空间。②抗性最小面积。植物群落可以正常发育又能阻止外来种类侵入和抵抗外来干扰的最小面积。③繁殖最小面积。植物群落全部基本种类可以正常繁殖的最小面积。

生物最小面积概念是自然保护区功能区划分的理论基础，即核心区必须大于保护对象的繁殖最小面积或最小景观，缓冲区是维护繁殖最小或最小景观的一个外加部分，而缓冲区的面积则根据自然保护区所在区域干扰的类型及强度确定。自然保护区的最小面积应不小于最小景观面积。

荒漠类型自然保护区处于沙漠向草原的过渡地带，流沙区分布也是影响生物生存、群落或景观格局的重要因素。同时考虑到信息可得性，面积适宜性具体指标包括：保护区核心区面积比例（D4）、保护区总面积大小（D_5）与保护区内流沙区面积比例（D_6）。

3．生态管理（C_3）

生态系统管理是在对生态系统组成、结构和功能过程加以充分理解的基础上，制定适应性的管理策略（Adaptive management），以恢复或维持生态系统整体性、稳定性与可持续性（Vogt et al.，1997；Maltby et al.，1999）。通过生态管理实现生态系统稳定性的途径很多，但针对保护区实际，比较有效的方式包括适度干预与恢复重建、大力开展环保生态工程和建设、管理人员队伍建设等。

适应新形势下环境保护要求，促进污染治理、保护自然生态，环保事务成为政府资金投入的重要领域，因此自然保护区生态管理指标可选取环保资金投入（D_7）。自然保护区管理局作为一个专职的自然保护区管理、建设与保护的事业单位，其人员专业及业务水平是制约保护区可持续发展的基础，评价指标选取保护区管理者素质（D_8）。

4.1.2 参数计算方法

1．水土环境（C_1）

1）土壤养分含量（D_1）

土壤养分是评价土壤自然肥力的主要因素之一，主要包括碱解氮、速效磷和速效钾。

（1）土壤中碱解氮（mg/kg）$=\dfrac{C\times(V-V_0)\times 14}{M}\times 1\,000$

式中：C —— H_2SO_4 标准液的质量浓度，g/mL；

V —— 样品测定时用去 H_2SO_4 标准液的体积，mL；

V_0 —— 空白测定时用去 H_2SO_4 标准液的体积，mL；

14 —— 氮的摩尔质量，g/mol；

1 000 —— 换算系数；

M —— 烘干样品质量，g。

（2）土壤中速效磷（mg/kg）$=\dfrac{\rho\times V\times ts}{M\times 10^3\times k}\times 1\,000$

式中：ρ —— 从标准曲线上查的磷的质量浓度，μg/mL；

V —— 显色时定容体积，mL；

ts —— 分取倍数（浸提总体积与显色时吸取浸提液体积之比）；

M —— 称取土样质量，g；

k —— 将风干土换算成烘干土质量的系数。

标准曲线：C=1.381A−0.016 7（R^2=0.994 3）

（3）土壤中速效钾（mg/kg）$=\dfrac{\rho\times V}{M}$

式中：ρ —— 待测液中钾的质量浓度，μg/mL；

V —— 加入浸提液的体积，mL；

M —— 烘干土样的质量，g。

2）土壤含水率（D_2）

土壤含水率是表征土壤水分状况的一个重要指标，表示一定量体积土壤中含有水分的数量，常以干土重的百分比表示。通常采用烘干法计算土壤含水率，这是唯一可以直接测量土壤水分的方法，也是目前国际上的标准方法。

$$土壤含水量（\%）=\frac{M_{水}}{M_{土}}\times 100\%=\frac{M_2-M_1}{M_3-M_1}\times 100\%$$

式中：M_1 —— 铝盒的重量，g；

M_2 —— 烘干后土壤和铝盒的总重量，g；

M_3 —— 烘干前土壤和铝盒的总重量，g。

3）地下潜水水位（D_3）

潜水位即地下水自由面到地面的距离。在干旱半干旱区，地下水位是生态系统功能的重要环境限制因子。潜水水位一定程度上反映了区域蒸腾散发对水循环过程的影响，水分条件对生态系统的演变方向和系统功能影响巨大。

指标评价可通过监测地下水位进行判断。根据地下水深度的变化程度，划分为：强上升、弱上升、基本稳定、弱下降与强下降 5 个水平。统计强上升区、弱上升区、基本稳定区、弱下降区及强下降区分别占监测控制总面积的比例：

$$P_i = \frac{S_i}{S_{总}} \times 100\%$$

式中：S_i —— 五种变化类型区的面积，hm^2；

$S_{总}$ —— 监测控制区的总面积，hm^2；

P_i —— 对应变化类型区占总监测控制区的比例。

2．面积适宜性（C_2）

1）核心区面积比例（D_4）

分为适宜，较适宜，不太适宜三类。

（1）适宜：大小适宜，足以维持生态系统的结构和功能，有效保护全部保护对象。

（2）较适宜：大小较适宜，基本能维持生态系统的结构和功能，有效保护主要保护对象。

（3）不太适宜：大小不太适宜，不易维持生态系统的结构和功能，不足以有效保护主要保护对象。

荒漠生态系统类型自然保护区核心区面积比例见表 4.1。

表 4.1　自然保护区的核心区面积

类型	超大型、大型	中型	小型
适宜	20%以上	35%以上	40%以上
较适宜	15%～20%	24%～30%	28%～35%
不太适宜	＜15%	＜24%	＜28%

引自：《自然保护区自然生态质量评价技术规程》（LY/T 1813—2009）。

2）保护区总面积大小（D_5）

依据保护区总面积大小可将保护区分为超大型、大型、中型及小型自然保护区（见表 4.2）。原则上保护区面积越大，其生态系统越稳定。

表 4.2　荒漠类型自然保护区规模划分（国家林业局标准）

类型	超大型	大型	中型	小型
荒漠类型	＞50 万 hm^2 灌草覆盖率＞30%	（1）＞50 万 hm^2，灌草覆盖率＜30% （2）20 万 hm^2（不含）～50 hm^2，灌草覆盖率＞30%	（1）20 万 hm^2（不含）～50 万 hm^2，灌草覆盖率＜30% （2）5 万 hm^2（不含）20 万 hm^2，灌草覆盖率＞30%	（1）5 万 hm^2（不含）～20 万 hm^2，灌草覆盖率＜30% （2）＜5 万 hm^2

注：表 4.2 中不止一个条件，只要满足其一即可。

3）保护区内流沙区面积比例（D_6）

$$P_i = \frac{S_i}{S_{总}} \times 100\%$$

式中：S_i —— 保护区流沙区面积，hm^2；

$S_{总}$ —— 保护区总面积，hm^2；

P_i —— 保护区流沙区占保护区的比例。

分为适宜、较适宜、不适宜三类。

（1）适宜：≤10%。

（2）较适宜 10%＜P_i＜30%。

（3）不适宜≥30%。

3．生态管理（C_3）

1）环保资金投入（D_7）

保护区用于环境污染防治、生态环境保护和建设投资占当年区域国内生产总值（GDP）的比例。

公式：环保投入资金/区域当年国内生产总值×100%

2）保护区管理者素质（D_8）

（1）优：人员专业结构合理，且中等以上学历或持有专业资格证书的专业技术人员占人员总数的比例≥20%。

（2）良：人员专业结构基本合理，但中等以上学历或持有专业资格证书的专业技术人员占人员总数的比例＜20%。

（3）中：人员专业结构不合理，保护管理人员严重缺乏，队伍不稳定。

（4）差：自然保护区没有专门的保护管理人员，现有人员不能满足自然保护区保护管理工作的实际需求。

4.2 生态系统恢复力稳定性指标确立

4.2.1 复合评估指标

1．干扰因素（C_4）

保护区生态系统发展干扰来自两方面：自然因素和人为因素。自然因素中，区域气候变化，特别是气候干湿变化、气温变化及极端气候事件对生态系统的影响较为突出。

气候变化对生物多样性各层次（基因层次、物种层次、生态系统层次）的影响已被越来越多的证据证实。联合国千年生态评估（Millennium Ecosystem Assessment，MA）将气候变化列为威胁生态系统的主要因素之一，并预计在今后几十年中，气候变化的危害可能加剧。大尺度背景上气温与降水格局的变化将导致物种分布范围的改变及生物物候期的变化，而局地极端天气可短期内引发生态系统与物种的破坏。对沙漠边缘区的生态系统来说，其相对敏感气候要素要辩证理解。极端天气中大风、沙尘暴并未从根本上影响生态系统稳定性，反而是必要的生态要素，而温度的变异才是影响生态系统稳定性的气候要素（李新荣，2016），因此指标选为气温变率 D_9。位于沙漠区的生态系统还时常受到风沙活动的影响，风沙动力一定程度上塑造了区域地貌格局、改变了地表性状，也会对区域生态系统产生系统和深远影响，这方面指标选用土壤风蚀强度 D_{10}。

随着社会经济的发展，资源开发的不断扩展，自然保护区面临日益增多的人类活动压力。近 10 多年来针对自然保护区的各种干扰活动越来越多、越来越频繁，如土地开发利用、工业活动、地下水开采、放牧、旅游开发等，都在一定程度上导致植被破坏、退化、景观破碎化。另外各种开发产生的“三废”也是威胁保护区生态系统的重要因素，污染物可直接阻碍生物的正常生长发育，也可引起生境的退化。

单纯评价一种开发活动或一种污染，无法反映人类活动对保护区干扰的程度，因此可以用保护区整体实际干扰来综合定性判断其对保护区的干扰强度。由于自然保护区是一个开放的系统，毗邻地区的人类活动也会对保护区产生很大影响，因此具体指标包括保护区内人类活动强度（D_{11}）、保护区毗邻地区人类活动强度（D_{12}）。

2．群落组成

生态系统恢复能力很大程度上取决于植物群落组成，对于特殊沙漠地区来说沙生植物及原生种的发展状况是制约区域生态系统恢复力的重要方面。生活在以沙粒为基质的沙区的植物被称为沙生植物，这些沙生植物由于长期生活在风沙大、雨水少、冷热多变的严酷气候下，适应恶劣环境能力很强，对植被稳定的作用很大，相关指标选取沙生植物覆盖度 D_{13}。

原生植物在生态系统恢复中起到重要作用。保留原生物种，才能保证物种多样性和遗传多样性，才能保证景观中总体生产力达到最高水平。此外，保留原生植物可有效保护属地动物，维持已有的生态链，保证生态系统在遭到破坏后能较快恢复，相关指标选取原物种优势度 D_{14}。

生物结皮（Biological soil crusts），是干旱半干旱区重要的地表覆盖类型（40%以上）。生物结皮也是干旱半干旱沙漠最具特色的生物景观之一，生物结皮的存在对沙漠的固定、土壤表面的物理化学与生物学特性、土壤抗风蚀水蚀等方面具有重要意义。生物结皮也是沙漠植被演替的先锋种，对促进沙漠植被演化具有重要作用。在生境受破坏情况下，提高生物结皮的发育过程能极大地加速植被重建的进程，对应指标选择生物结皮盖度 D_{15}。

4.2.2 参数计算方法

1．干扰因素（C_4）

1）气温变率（D_9）

气温日较差，亦称气温日振幅，是一天中气温最高与最低值之差，其一定程度上反映区域的气温变率。

气温日较差的大小随纬度、季节而变化，又和地表性质、天气情况有关。西北干旱地区年平均气温日较差达 50°C 以上。气温日较差大，白天日照充足，太阳辐射强，气温高，有利于植物的光合作用，可以制造、积累较多的营养物质，夜间气温越低，植物的呼吸作用越弱，能量消耗就越少。

2）土壤风蚀强度（D_{10}）

土壤风蚀强度指单位面积和单位时间内的土壤风蚀量。按风蚀厚度（mm/a）分六级：微度＜2 mm/a；轻度 2～10 mm/a；中度 10～25 mm/a；强度 25～50 mm/a；极强度 50～100 mm/a；剧烈＞100 mm/a。

3）保护区内人类活动强度（D_{11}）

结合保护区内人类活动类型、方式与影响范围、程度综合判定，可分级：强、较强、一般、弱。

（1）强：开发、利用自然保护区的水体、土地、矿藏、生物或景观等资源的有过度趋势，资源的有效保护受到较大威胁。

（2）较强：开发利用自然保护区的水体、土地、矿藏、生物或景观等资源的强度较高，资源的有效保护受到威胁。

（3）一般：开发利用自然保护区的水体、土地、矿藏、生物或景观等资源的强度中等，资源的有效保护受到一定威胁。

（4）弱：对自然保护区的水体、土地、矿藏、生物或景观等资源开发、利用适度，对资源的有效保护不构成威胁。

4）保护区毗邻地区人类活动强度（D_{12}）

结合保护区内人类活动类型、方式与影响范围、程度综合判定，可分级：强、一般、弱。

（1）强：自然保护区已为开发区域所环绕。

（2）一般：自然保护区周围尚存未开发的生境。

（3）弱：自然保护区为未开发区域所环绕。

2．群落组成（C_5）

1）沙生植物盖度（D_{13}）

$$Fc=(NDVI-NDVI_{soil})/(NDVI_{veg}-NDVI_{soil})$$

式中：$NDVI_{soil}$ —— 裸地的 NDVI 值；

$NDVI_{veg}$ —— 高覆盖的 NDVI 值；

Fc —— 植被覆盖度。

Fc 划分标准：裸地：＜10%；低覆盖：10%～30%；中低覆盖：30%～45%；中覆盖：45%～60%；高覆盖：＞60%。

2）原生物种优势度（D_{14}）

原生物种优势度可以用原生植物比例来反映。

原生植物比例=保护区原生植物种数/保护区物种总数

群落中所含原生种的多寡，即原生种优势度，分级：丰、较丰、较少。

（1）丰：原生植物比例大于 90%；

（2）较丰：原生植物比例介于 70%～90%；

（3）少：原生植物比例小于 70%。

3）生物结皮盖度（D_{15}）

生物结皮覆盖面积/生物结皮分布区面积

分级：低覆盖＜40%；中覆盖：40%～80% 高覆盖：＞80%。

4.3 生态系统演替稳定性指标确立

4.3.1 复合评估指标

1．群落生态结构（C_6）

生态系统的稳定性与结构有关，特别是群落尺度的结构。相对稳定的生物群落其重要特征之一是具有一定的空间结构。群落结构分垂直结构和水平结构，群落的垂直结构指群落在垂直方向的地上成层和地下成层结构。本研究只关注前者。层的分化主要取决于植物的生活型，生活型不同，植物在空中占据的高度以及在土壤中到达的深度就不同。不同生态系统群落成层结构复杂性不同，相对来说荒漠生态系统群落成层结构不太复杂，一般有三层（灌木层、草本层和地被层）或两层（灌木层、草本层）。正如群落中植物有分层现象一样，各种动物也因生态位不同而占据着不同的层。群落成层现象的出现使生物群落在单位面积上能容纳更多的生物种类和数量，能最充分地利用空间和营养物质，产生更多的生物物质。群落的水平结构主要表现特征是镶嵌性。镶嵌性表明植物种类在水平方向上的不均匀配置，它使群落在外形上表现为斑块相间的现象。在镶嵌群落中，每一个斑块就是一个小群落，小群落具有一定的种类成分和生活型组成，它们是整个群落的一小部分。群落镶嵌性形成的原因，主要是群落内部环境因子的不均匀性。群落结构指标具体包括：地上层片结构（D_{16}）、水平数量结构（D_{17}）。

2．群落养分循环与固碳能力（C_7）

生态系统的基本功能就是物质循环与能量流动，因此保持生态系统物质循环的顺畅是保持生态系统稳定的重要基础，而循环物质中阳离子交换又是其重要内容。

生产力和生物量是生态系统的重要功能指标，两者之间关系紧密。生态系统净初级生产力是陆地生态过程的关键参数，它不仅反映了自然条件下的生产能力及陆地生态系统的质量状况，还可用来估算和评价陆地生态系统的可持续发展能力。植被净初级生产力（Net Primary Productivity，NPP）是生产力研究的重要方面，生物量作为生态系统中积累的有机物总量，是整个生态系统运行的能量基础和营养物质来源。是生态系统结构优劣和功能高低的最直接的表现，也是生态系统环境质量的综合体现。具体指标选取土壤阳离子交换量（D_{18}）与植被净初级生产力（D_{19}）。

4.3.2 具体指标计算方法

1．群落生态结构（C_6）

1）地上成层结构（D_{16}）

植物群落地上成层，按复杂性，分四层（乔木层、灌木层、草本层和地被层）、三层（灌木层、草本层和地被层）、二层（灌木层、草本层或草本层和地被层）、一层（草本层）。

2）水平数量结构（D_{17}）

植物群落水平数量结构的主要特征就是它的镶嵌性。按照镶嵌性的复杂程度分为复杂、较复杂、简单三级。镶嵌越复杂，生态系统越稳定。

2．群落养分循环与固碳能力（C_7）

1）阳离子交换量（D_{18}）

土壤胶体所能吸附各种阳离子的总量，以每千克土壤中含有各种阳离子的物质的量来表示，即 mol/kg。

2）植被净初级生产力（D_{19}）

$$NPP=GPP-R$$

$$GPP = C_{max} \cdot \frac{PAR}{K_i + PAR} \cdot \frac{\rho_i}{K_c + \rho_i} \cdot (TEMP) \cdot (KLEAF)$$

式中：GPP —— 总初级生产力，g/（m^2·月）；

R —— 自养呼吸，g/（m^2·月）；

C_{max} —— 最大碳固定率，g/（m^2·月）；

PAR —— 光合有效辐射，J/（cm^2·d）；

K_i —— 碳固定速率达到最大效率一半时的辐射［以往的研究价值为 314 J/（cm^2·d）］；

K_c —— 碳固定速率达到最大速率的一半时的 CO_2 浓度，mL/L；

KLEAF —— 叶面积指数与最大叶面积指数的比值；

TEMP —— 温度影响因子；

ρ_i —— 叶中的 CO_2 质量浓度，mg/L。

第 5 章　干旱沙漠自然保护区生态系统稳定性综合评估方法

5.1　主要评估方法与模型

评估方法的科学性是客观评估的基础，用于综合评估的方法很多，但由于各自出发点不同，解决问题的思路不同，适用对象不同，又各有优缺点。目前常用的综合评价方法如下：定性评价方法（专家会议法、Delphi 法）、技术经济分析法（经济分析法、技术评价法）、多属性与多目标决策法、运筹学方法（数据包络分析法）、统计分析法（主成分分析、因子分析、聚类分析、判别分析）、系统工程分析（评分法、关联矩阵法、层次分析法）、模糊数学法（模糊综合评价、模糊积分、模糊模式识别）、对话评价法（逐步法、序贯解法、Geofffion 法）、智能化评价方法（基于 BP 人工神经网络评价）等（陈衍泰，2004）。

下面重点介绍几种曾运用于生态系统稳定性方面的综合评估方法。

5.1.1　基于指数法的生态系统稳定性评估模型

1．稳定性指数计算方法

荒漠生态系统稳定性指数（Desert-ecosystem stability index，DSI）是一种综合反映地区荒漠生态系统稳定能力的量化指标，其计算公式为

$$\mathrm{DSI}=\sum_{i=1}^{n}W_i\cdot X_i/100\sum_{i=1}^{n}W_i$$

式中：W_i—— 各指标的权重，由层次分析法确定；

X_i —— 单个指标标准化后的值。

上面构建的指标体系作为计算 DSI 的基础指标。

2．波动指数计算方法

运用剔除时间趋势法计算生态系统稳定波动指数。计算时采用线性回归法拟合趋势，以剩余法分离波动，波动指数用实际值与趋势值的残差和趋势值的百分比来表示，其数学表达式为

$$I_F = 100 \cdot (Y_t - \hat{Y}_t) / \hat{Y}_t$$

式中：I_F —— 荒漠生态系统稳定性波动指数，表示系统稳定性相对于长期趋势偏离程度；

Y_t —— t 年时 DSI 的实际值；

$\hat{Y}_t$ —— DSI 在 t 期的趋势值。

3．稳定区间分布

经过检验，荒漠区生态系统稳定性波动指数在时间序列上服从正态分布。依据正态分布区间估计法确定干旱沙漠生态系统稳定性 DSI 波动指数的置信区间，从而划定其稳定性级别。

5.1.2　层次分析法

层次分析法（Analytic Hierarchy Process，AHP）是美国运筹学家 T. L. Saaty 教授于 20 世纪 70 年代初期提出的一种简便、灵活而又实用的多准则决策方法，它是一种定性和定量相结合的、系统化、层次化的分析方法，它把一个复杂问题分解成组成因素，并按支配关系形成层次结构，然后应用两两比较的方法确定决策方案的相对重要性。在指标体系中，既有数值越大越好的指标，也有数值越小越好的指标，并且有些数值不能直接定量，对这些表示稳定性的指标采取了等级制，即通过分级体现各层指标稳定性程度的差异。决策层指标的稳定性域值一般由研究区的实际情况来确定。

1．指标值的标准化

由于各指标的含义不同，指标值的计算方法也不同，造成各指标的量纲各异。而综合评价就是要将多种不同的数据进行综合，因而可以借助于标准化方法来消除数据量纲的影响。我们选用比较常用的 Z-Score 法来转换，其公式为

$$y_i = \frac{x_i - \overline{x}}{s}$$

或化成百分数形式，即：

$$y_i = 60 + \frac{x_i - \overline{x}}{10s} \times 100$$

式中：$\overline{x} = \frac{1}{n}\sum_{i=1}^{n} x_i$ —— 第 i 个指标的多年平均值；

$s = \sqrt{\frac{1}{n-1}\sum_{i=1}^{n}(x_i - \overline{x})^2}$ 。

2．指标权重的确定

权重主要取决于两个方面：①指标本身在决策中的作用和指标值的可靠程度；②决策者对该指标的重视程度。权重能够反映各参评因子对生态系统稳定性作用的强弱，突出主要因子对评价结果的影响。在专家对各参评因子重要程度进行评判打分的基础上，经过一致性检验，最终通过计算得出干旱荒漠生态系统稳定性评价体系权重表。

3．建立综合评估模型

在确定评价指标权重的基础上，构建干旱荒漠生态系统稳定性综合评估模型：

$$R = \sum_{i=1}^{n} W_i \times V_i$$

式中：R —— 干旱荒漠生态系统稳定性指数；

V_i —— 第 i 项指标评估分级量值；

W_i —— 第 i 项指标权重；

n —— 评估因子数。

5.1.3 灰色关联度分析法

灰色关联度分析法（Grey Relational Analysis，GRA）是 1982 年由华中理工大学邓聚龙提出的灰色系统理论发展出来的。该方法主要针对数据量或数据项偏少且机制不明确的问题。

计算方法：

设参考序列为 U_0（u_{0j}）（$u_{0j}=1, 2, \cdots, m$），即各单项指标转换函数数值均为 1，比较序列为 U_i（u_{ij}）（$i=1, 2, \cdots, n$；$j=1, 2, \cdots, m$）。比较计算单元参考序列值 U_0 与它的关联度接近的程度，即可划分稳定性评价的等级。

根据下式：

$$\Delta_{0i}(j)=\left| U_0(u_{0j})-U_i(u_{ij}) \right|$$

计算参考序列 U_0、比较序列 U_i 的第 j 项指标的绝对差值。参考序列与比较序列各单项指标间的关联系数按下式求得：

$$\xi(j)=1/[1+\Delta_{0i}(j)]$$

该式表明，绝对值越大，该项指标与参考序列中的同项指标的距离就大，则关联系数就小；反之，绝对值越小，说明该单项指标与参考序列的同项指标间的距离就小，关联系数就越大。由于 $\Delta_{0i}(j)$ 的取值区间为[0，1]，因此关联系数的取值区间为[0.5，1]。

在实际应用中，有时需要考虑的各单项指标数量较多，有 m 项指标，就有 m 项结果，造成信息过于分散，不便比较，因此有必要将每一比较序列各项指标间的关联系数集中体现在一个值上，这个数值可称为关联度，常用等权处理的平均值进行计算：

$$\gamma_{0i}=1/m\sum\xi_{0i}(j)$$

该关联度的含义为：比较序列与参考序列中各项指标关联系数总和的平均值，它集中反映了比较序列与参考序列的关联（接近）程度。关联度越大，则说明稳定性越好；反之，关联度越小，说明稳定性越差。

关联度的大小可以反映生态系统稳定性的优劣，因此可以通过关联度的取值对生态稳定性等级进行划分，并根据稳定性关联度从大到小的顺序排序，即关联度序，得到生态系统稳定性的比较关系。

5.1.4　粗糙集理论的综合评价

粗糙集理论将知识理解为对数据的划分，不需要数据集以外的任何先验知识，仅根据数据本身进行挖掘与分类，揭示数据内部的规律，发现数据间的依赖关系，生成数据规则（Pawlak，1982）。粗糙集理论在分析和处理不确定性和不完备性数据时优势明显，表达方式客观，通过上下近似的概念来描述和表达系统的含糊性和不确定性（张静，2005）。它的属性约简功能对于评价指标的筛选效用明显，其即可在保持指标集的分类能力不变的情况下删除其中不相关或不重要指标，解决指标的冗余与重叠问题（张文修等，2003）。即在不改变最终评价结果的基础上，找到一个最小子集来代替原来的指标集，使得相同的评价结果可以通过更少条件获得，而精度不变（丁雷等，2008）。同时粗糙集的属性重要性可以用来确定指标权重，反映不同指标在粗糙集分类中所起作用的大小揭示出不同指标对区分评价对象的贡献程度的不同，避免了权重求取中人为因素的影响，方法合理准确，增强了评价结果的客观性和可信度（胡方等，2008）。

下面是粗糙集理论应用于综合评价的具体步骤：

1）建立综合评价信息系统和决策表。粗糙集的知识表达工具就是信息系统和决策表，所以必须把综合评价问题描述成信息和决策表的形式。构建二者时可将各指标视为决策表的条件属性，评价结果视为决策表的决策属性，从而使得基于粗糙集的综合评价问题一目了然。

2）指标数据离散化。粗糙集方法只能处理离散化的数据，因此必须对连续型的数据用适当方法进行离散化处理。

3）基于粗糙集理论的指标筛选。根据指标体系的复杂程度，可选择不同的筛选方法，也可以构建区分矩阵和区分函数来进行指标筛选。对于包含大量指标的复杂指标体系来说，可以选择基于属性重要性的指标筛选模型及其启发式算法。

4）基于粗糙集的指标权重确定。要得到粗糙集数据挖掘的客观权重，可以采用基于信息量和属性重要性的权重确定模型，以及基于知识粒度和属性重要度的权重确定模型，也可以采用粗糙集理论与其他权重确定法相结合的权重确定方法。

5）基于粗糙集理论的综合评价方法。根据指标值及权重，采用线性加权法对各指标加权计算，从而得到针对各评价对象的评价结果。也可以与模糊集方法结合，构建隶属度函数，求得综合评价结果。

5.1.5　红绿灯法

国外有关生态方面的评价实践主要采用“红绿灯”（traffic light）评价法。在“红绿灯”体系中，评价的关键在于制定评判标准，并获得一定时期内连续的数据。给予指标值与判断标准之间的定量比较，判断状态在一定时期内的变化。具体包括四种可能的变化情形：①绿灯，表示状态改变，指标呈正向发展，且指标值处于可接受的范围内，不会对生态系统稳定性产生不良影响；②黄灯，表示状态总体上没有或几乎没有变化，同时指标值处于可接受的范围；③红灯，表示状态恶化，指标呈负向发展，或指标超出可接受的范围，并对生态系统稳定性产生不利影响；④如果数据不充分或没有可比的基础数据，则作单独说明。“红绿灯”法由于其评价方法简便、结果表达直观，在应用中有较大优势。

5.2　干旱沙漠自然保护区生态系统稳定性综合评估方法的确立

本书采用的综合评估方法主要参考了红绿灯法，评价由两个部分组成：第一部分为单项指标评估，即评估指标层的指标的变化情况；第二部分为综合分析，经过指标值量化、数值标准化、权重设置等步骤，在单项指标评估结果的基础上进行汇总评价，获得评价区域生态系统稳定性的综合得分。

5.2.1　单项指标评价

1．评估标准

评价标准根据指标特点确定目标值、临界值、阈值范围或历史值等。

（1）目标值：指定量的目标值。可根据相关规划与计划中设定的具体目标确定。

（2）临界值：从一种状态转变为另一种状态的风险值。有两种情况：一种是底限值，低于某个数值后状态发生突变，不再有利于目标保护；另一种是封顶值，超过某个数值后状态发生突变，不再有利于目标保护。

（3）阈值范围：指可接受的状态变动范围。在此范围内变动不会导致体系发生激烈变化、产生不利影响。

（4）历史值：指过去的一个时期中某一年或某一刻的指标值。该值被认为评价时的背景值，或代表被影响或破坏前的理想状态。

2．评估方法

采用“红绿灯”（traffic light）评估法，包括四种变化情形：

（1）绿灯（↗，↘），表示状况改善，指标呈正向发展，且指标值处于可接受的范围内，不会产生不利影响；

（2）黄灯（→），表示总体上没有或几乎没有变化，同时指标值处于可接受的范围内；

（3）红灯（↗，↘），表示状况恶化，指标呈负向发展，或指标值超出了可接受的范围，并产生可能的不利影响；

（4）如果数据不充分或没有可参比的基本数据，则做单独说明。

不同变化情形的表示符号与具体含义如表5.1所示。

表5.1 指标变化情形说明

编号	表示符号	含义
1	↗	指标值增大，状况改善
2	↘	指标值降低，状况改善
3	→	没有或几乎没有变化
4	↗	指标值增大，状况恶化
5	↘	指标值降低，状况恶化
6	……	缺乏数据或无参比数据
7	无须评价	根据指标/参数分析方法，该评价区域可以不进行本项指标的评价

考虑到指标数值可能发生的正常波动，以及可能出现由于指标数值变化幅度小而难以明确地判断该指标状态是否改善或者恶化，以阈值±3%作为判断指标状态是否发生变化的标准。当指标数值的变化处于±3%的阈值范围内，则认为指标状态稳定；而当变动超过±3%，则认为指标发生了显著变化。

3．包含多个参数的指标处理方法

1）多参数指标

包含多个参数的指标，在评价的过程中根据参数之间的相互关系，分为两种情况进行评价。

情况 1：参数间区分主次

对于这些指标，其评估一般取决于对主要参数的分析，次要参数只起辅助说明的作用。但如果因为数据缺乏等原因而不能获取主要参数的分析结果，则可用次要参数代替进行评价。

情况 2：参数相互平行，不分主次

这些指标的评价要综合考虑其内部的所有参数。如果各参数性质不同或具有不同的量纲或数量级，则应先进行数据标准化，消除参数间的量纲差异或水平差异，然后再进行指标的评估。

2）指标值的量化

指标评价结果用数值形式表示是进行综合评分的基础。除了定量指标的评价结果使用数值表示外，定性指标也需要进行量化。

但由于定性指标缺乏明确的测度方法，所以并没有公认的统一的量化模式。

3）数值标准化

对于多目标决策指标体系。需消除不同指标间的量纲差异。因此在使用指标体系进行综合评价前，需要将指标值做标准化处理。目前常用的指标标准化方法有：极差变换法、线性比例变换法、向量归一化法（列模等于 1）、标准样本变换法、归一化法（列和等于 1）、取倒数等。

数据标准化方法如下：

一般地，定量参数包括以下 3 种类型：值“越小越好”“越大越好”和“适中为宜”。对于参数 $v_i \in u$，设其论域为 $d_i=[m_i, M_i]$，其中 m_i 和 M_i 分别表示参数 v_i 的最小值、最大值，定义：

$$r_i=u_{d_i}(x_i) \quad i=1, 2, \cdots, n$$

决策者对评价指标 u_i 的属性值 x_i 的量纲为 1 值，且 $r_i \in [0, 1]$，其中 $u_{d_i}(x_i)$ 是定义在论域 d_i 上的指标 u_i 量纲为 1 的标准函数。根据参数的类型，构建下列三种量纲为 1 的标准函数：

（1）“越小越好”型量纲为 1 和归一化的标准函数：

$$r_i = u_{d_i}(x_i) = \begin{cases} 1 & x_i \leqslant m_i \\ \dfrac{M_i - x_i}{M_i - m_i} & x_i \in d_i \\ 0 & x_i \geqslant M_i \end{cases}$$

（2）“越大越好”型量纲为 1 和归一化的标准函数：

$$r_i = u_{d_i}(x_i) = \begin{cases} 1 & x_i \geqslant M_i \\ \dfrac{x_i - M_i}{M_i - m_i} & x_i \in d_i \\ 0 & x_i \leqslant m_i \end{cases}$$

（3）“适中为宜”型量纲为 1 和归一化的标准函数：

$$r_i = u_{d_i}(x_i) = \begin{cases} \dfrac{x_i - m_i}{c_1 - m_i} & m_i \leqslant x_i \leqslant c_1 \\ 1 & c_1 < x_i < c_2 \\ \dfrac{M_i - x_i}{M_i - c_2} & c_2 \leqslant x_i \leqslant M_i \end{cases}$$

式中，$c_1 < c_2$，且 $c_1 \in [m_i,\ M_i]$，$c_2 \in [m_i,\ M_i]$。

4．权重设置——熵权法

1）熵权法优点

指标权重的确定主要有主观法和客观法两类。主观法根据决策分析者对各指标的主要重视程度对指标的权重赋值，如专家调查法、循环评分法、二项系数法、层次分析法等。客观法根据评价对象各指标数据采用数学计算准则得出评价指标的权重，如熵值法、最小二乘法、最大方差法等。

考虑到相对主观赋值法，熵权法精度较高、客观性更强，能够更好地解释所得到的结果，因此本研究权重采用熵权法确定。

作为一种客观赋权方法，可用于剔除指标体系中对评价结果贡献不大的指标。在具体使用过程中，熵权法根据各指标的变异程度，利用信息熵计算出各指标的熵权，再通过熵权对各指标的权重进行修正，从而得出较为客观的指标权重。

2）熵权法基本原理

根据信息论的基本原理，信息是系统有序程度的一个度量；而熵是系统无序程度的一个度量。

若系统可能处于多种不同的状态。而每种状态出现的概率为 p_i（i=1，2，…，m）时，则该系统的熵就定义为

$$e=-\sum_{i=1}^{m}p_i\cdot\ln p_i$$

显然，当 $p_i=1/m$（i=1，2，…，m）时，各种状态出现的概率相同时，熵取最大值，为 $e_{\max}=\ln m$

现有 m 个待评项目，n 个评价指标，形成原始评价矩阵 $R=\left(r_{ij}\right)_{m\times n}$ 对于某个指标 r_j 有信息熵：

$$e_j=p_{ij}\cdot\ln p_{ij}\text{，其中 }p_{ij}=r_{ij}/\sum_{i=1}^{m}r_{ij}$$

从信息熵的公式可以看出：如果某个指标的熵值 e_j 越小，说明其指标值的变异程度越大，提供的信息量越多，在综合评价中该指标起的作用越大，其权重应该越大。如果某个指标的熵值 e_j 越大，说明其指标值的变异程度越小，提供的信息量越少，在综合评价中起的作用越小，其权重也应越小。故在具体应用时，可根据各指标值的变异程度，利用熵来计算各指标的熵权，利用各指标的熵权对所有的指标进行加权，从而得出较为客观的评价结果。

3）权重计算

从综合指标的重要性和指标提供的信息量两方面来确定各指标的最终权重。

现有 m 个待评项目 n 个评价指标形成原始数据矩阵：$R=\left(r_{ij}\right)_{m\times n}$：

$$R=\begin{pmatrix} r_{11} & r_{12} & \cdots & r_{1n} \\ r_{21} & r_{22} & \cdots & r_{2n} \\ \cdots & \cdots & \cdots & \cdots \\ r_{m1} & r_{m2} & r_{m3} & r_{m4} \end{pmatrix}_{m\times n}$$

其中 r_{ij} 为第 j 个指标下第 i 个项目的评价值

各指标值权重的确定过程：

①计算第 j 个指标下第 i 个项目的指标值的比重 p_{ij}：

$$p_{ij} = r_{ij} / \sum_{i=1}^{m} r_{ij}$$

②计算第 j 个指标的熵值 e_j：

$$e_j = -k \sum p_{ij} \cdot \ln p_{ij} \quad 其中\ k = 1/\ln m$$

③计算第 j 个指标的熵权 w_j：

$$w_j = \left(1 - e_j\right) / \sum_{j=1}^{n} \left(1 - e_j\right)$$

④确定指标的综合权数β_j：

假设评估者根据自己的目的和要求将指标重要性的权重确定为α_j，j=1，2，3，…，n，结合指标的熵权 w_j 就可以得到指标 j 的综合权数：

$$\beta_j = \frac{\alpha_i w_i}{\sum_{i=1}^{m} \alpha_i \beta_i}$$

当各备选项目在指标 j 上的值完全相同时，该指标的熵达到最大值 1，其熵权为零。这说明该指标未能向决策者提供有用的信息，即在该指标下，所有的备选项目对决策者来说是无差异的，可考虑去掉该指标。因此，熵权本身并不是表示指标的重要性系数，而是表示在该指标下对评价对象的区分度。

5.2.2 综合评估

综合评估基于单项指标评价结果，按照指标层次由下往上的顺序归纳汇总信息，最终获得评价结论。具体步骤为：

步骤 1：将“指标层”指标（D_k）的“红绿灯”的评估结果列表；

步骤 2：将“复合指标层”指标（C_j）统计汇总单项指标（D_k）的评估结果，再以饼状图的形式表示（见图 5.1）；

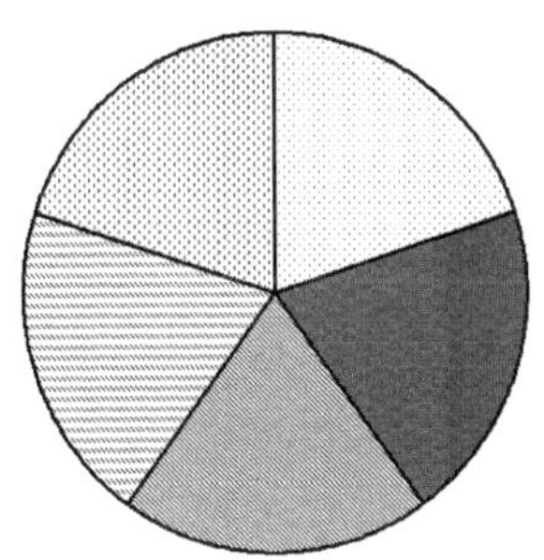

注：图中的圆按照复合指标 C_j 包含的具体指标 D_j 个数等分为若干份，每一份代表一个具体指标，并将该具体指标的评分结果表示于图中。图中不同颜色代表不同的指标状态：⋰ —状况改善；▩—没有变化；▧—状况恶化；▭—数据缺乏；▨—无须评价。

图 5.1 复合指标（C_j）评价结果汇总

步骤 3：确定“准则层”指标（B_i）的状态。具体地，首先统计指标 B_i 内“绿灯”“黄灯”“红灯”“数据不充分或没有可参比的基础数据”，以及“无须评价”5 种情况出现的比例，然后将这 5 种情况按其出现比例由高到低排列。排在首位的即为指标 B_i 的状态。

综合评价结果的表达方式见图 5.2。

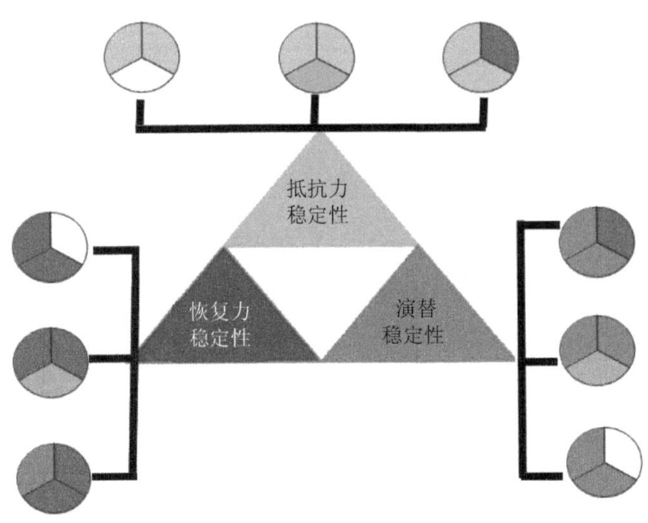

图 5.2 生态系统稳定性综合评估结果表示方式

5.3 生态系统稳定性分级

生态系统综合评价结果出来后要有一个分级判断，参照陈亚宁（2009）对荒漠生态系统稳定性五级划分，拟定本研究对干旱沙漠自然保护区生态系统稳定性评价分级标准及对应状态内容（见表 5.2）。

表 5.2 荒漠生态系统稳定性评价分级标准

级别	很稳定	稳定	临界状态	脆弱	很脆弱
指数	$1<S\leqslant 0.8$	$0.6\leqslant S<0.8$	$0.4\leqslant S<0.6$	$0.2\leqslant S\leqslant 0.4$	$0\leqslant S<0.2$
状态	功能完备，结构很稳定，信息传递顺畅	功能良好，结构稳定，信息传递较顺畅	功能基本具备，结构基本稳定，信息传递基本无阻滞	功能缺失，结构不稳定，信息传递出现一定阻滞	功能基本丧失，结构单一、脆弱，信息传递中断

第 6 章　评估数据获取与管理

6.1　数据获取方法

干旱沙漠自然保护区生态系统稳定性评价数据应多源获取并重，特别是突出空间数据的获取。数据来源主要有历史资料、统计数据、调查数据、野外考察、现场观测、遥感与模拟估算等。以下以宁夏沙坡头自然保护区为重点说明数据获取途径与方法。

6.1.1　资料收集法

资料收集法应用范围广、收效大，比较节省人力、物力和时间。如生物资源调查、环境监测、社会经济调查、气象监测等调查监测数据是进行稳定性评价不可或缺的基本资料。学术文献研究报告基础图件等也是获得相关数据与信息的重要来源。研究中收集相关研究文献超过 2 000 篇，研究报告 20 部，主要如下：《沙坡头自然保护区脊椎动物名录》《沙坡头自然保护区脊椎动物资源调查报告与保护区规划》《宁夏沙坡头自然保护区种子植物名录》《宁夏沙坡头自然保护区植物考察报告及其规划意见》《沙坡头自然保护区植物生态考察报告》《宁夏沙坡头自然保护区土壤调查报告》《宁夏中卫沙坡头自然保护区植被调查报告》《沙坡头自然保护区森林资源调查报告》《宁夏沙坡头国家级自然保护区综合科学考察》（2005）、《宁夏沙坡头国家级自然保护区二期综合科学考察》（2010）。基础图件包括保护区地形图、边界图、功能区划图、土壤类型图、植被类型图等。

6.1.2 遥感法

1．遥感数据

以卫星和航空遥感技术、野外观测台站网络的地面观测和观测系统为基础，获取区域生态系统信息，结合生态学理论、技术、模型和方法，分析认识生态系统状况和发展趋势，提高生态系统管理水平，已经在国际生态系统评估与管理领域成为主流的方法体系。

卫星和航空遥感技术可以提供区域及景观尺度上有关土地覆盖和土地利用变化以及地表特征的综合信息。从技术原理上，遥感监测是通过地物的反射或以发射光谱特性为基础设施的监测。在对生态系统和景观尺度的监测中，遥感多波段反射率及组合可随植被变化呈规律性的变化，这是植被变化监测的基础。

在对生态系统层次的面状地物为对象的监测中，定期的地面调查只能了解局部点的有限信息，不能够全面地反映整个区域的总体情况，而遥感技术的应用为宏观监测提供了可能性。遥感同时还具有时效性和经济性，是目前区域生态环境动态监测的重要工具。但遥感监测的信息也不能完全代表地表的真实情况，它同样需要通过地面观测进行补充与验证。

利用遥感方法能在较短的时间内从总体上了解一个区域的环境特点，弄清人类无法到达区域的地表环境情况。这些数据为宏观掌握地面事物的现状创造了极为有利的条件，也为宏观研究生态系统状况、监视自然灾害与环境污染等提供了重要的第一手资料，与传统的手工作业相比具有不可替代性。

遥感影像数据（见表 6.1）的主要作用：①提取自然保护区土地利用/土地覆被信息；②提取自然保护区生态退化信息；③提取自然保护区生态系统类型面积变化信息；④生态系统遥感反演。

表 6.1 自然保护区 LANDSAT-MSS/TM 图像

20 世纪 70 年代末 MSS 图像 80 m 分辨率		20 世纪 90 年代末 TM 图像 30 m 分辨率		2001—2011 年 TM 图像 30 m 分辨率		2012 年以来 TM 图像 30 m 分辨率	
轨道号	时相	轨道号	时相	轨道号	时相	轨道号	时相
130/34	1973-12-16	130/34	1992-8-18	130/34	2000-8-27	130/34	2010-8-28
		130/34	1996-8-2	130/34	2005-8-1	130/34	2014-8-18

2．数据的采集与校正

在选择合适的遥感影像数据之前，需要全面了解监测对象的地理位置、面积大小以及期望了解的物候特征；选择合适的卫星数据及其波段、空间分辨率和时相参数。另外，还要收集相关的辅助基础地理数据。

目前，植被遥感的应用可以选择的数据产品很多，地面分辨率和光谱分辨率范围差异也较大，所以选择合适的监测数据十分重要。合理的数据源可以最大限度地获得研究区域的地面信息，节省人力、物力；而不匹配的数据源，则不能真实反映生态系统的特征。

采集的原始卫片数据在应用前需要经过预处理才可以使用，预处理过程包括：对影像质量和其余辅助数据的校正与配准，具体需经过辐射校正、大气校正、几何校正，以及通过已有空间数据对影像进行投影配准等。辐射校正是指对辐射误差的校正，辐射误差可由传感器本身或大气散射造成。几何校正需要消除的误差包括了不同遥感影像图拼接过程中产生的误差和用二维平面表达三维空间造成的误差。几何校正需要根据地形图上已知控制点来进行纠正，使误差减小到最小范围。在目前可提供的遥感信息产品中，一般都经过了辐射校正和大气校正的预处理过程，而一些常用的遥感应用软件也为用户提供了用于影像几何校正的工具模块。

3．遥感影像的解译与信息获取

从原始的遥感卫片到成为可供使用的专题地图，需要经过解译知识库建立、遥感分类解译或模型计算、野外验证核查、精度验证等一系列工作。

解译知识库是影像解译的主要依据标准，是植被遥感分类和植被模型建立的依据。解译知识库的建立，首先需要明确地物的光谱特征、空间特征、极化特征和时间特性，其次还需要了解影响要素的大小、形状、空间关系与纹理属性等。解译知识库是避免同谱异物判断误差的根本依据。知识发现过程包括：从单期遥感图像上发现有关地物的光谱特征知识、空间结构与形态知识、地物之间的空间关系知识。其中，空间结构与形态知识包括地物的空间纹理知识、形态知识以及地物边缘形状特征知识。从多期遥感图像中，除了可以发现以上知识外，还可以进一步发现地物的动态变化过程知识，从 GIS 数据库中可以发现各种相关知识。在利用知识建立模型方面，主要是利用所发现的某些知识或所有知识建立相应的遥感专题信息提取模型。解译知识库的建立是保障下一步影像正确分类的基础。

植被遥感分类和植被模拟参数计算是植被动态监测的核心。对信息的分类，就是对单个像元或比较匀质的像元组给出对应其特征的名称，其原理是利用图像识别技术实现对图像的自动分类。计算机图像分类方法常见的有两种，即监督分类和非监督分类。

监督分类是一种由已知样本外推未知区域类别的方法。首先从待分类的图像区域中选定一些训练样区，在这些训练区中地物的类别是已知的。基于此建立分类标准，然后计算机将按同样的标准对整个图像进行识别和分类。非监督分类是一种无先验（已知）类别标准的分类方法。对于待研究的对象和区域，没有已知类别或训练样本作标准，而是利用图像数据本身能在特征测量空间中聚集成群的特点，先形成各个数据集，然后再核对这些数据集所代表的物体类别。非监督分类的优点在于，它不需要对被研究的地区有事先的了解，对分类的结果与精度要求在相同的条件下，在时间和成本上较为节省。但实际上，非监督分类不如监督分类的精度高，所以监督分类方法使用更为广泛。

解译结果需要通过野外验证核查和精度验证，以保证遥感信息提取的准确性。野外验证核查需要确定调查内容、路线和重点调查区域、质量要求等。对于遥感影像解译判断程度低的区域，需要保证解译标志的建立具有较好的涵盖性，解译精度的判定具有较好的可信度。精度检验一般以像元为基本检验单位，通过与参照图上对应单元的对比，确定分类精度。遥感数据处理过程中精度验证是不可或缺的步骤，它可以保障分类的有效性，改进分类模型，使用者也能够根据分类结果的精度，正确有效地获取分类结果中的信息。需要说明的是，在验证过程中不可能选择所有的像元来进行验证，一般是通过抽样的方法，抽取一定数量的样本来进行。

4．空间数据分析

遥感空间数据的分析是以 GIS 平台为支撑，对解译的地表信息及其长时间序列动态变化信息进行空间数据的统计分析，最终获取植被现状和动态的过程。空间数据分析包括信息查询、空间信息分类、空间统计分析、叠加分析、网络分析、邻域分析和空间插值等。

（1）空间信息查询是 GIS 最基本的功能。通过信息查询，不仅可以获取图像解译结果中的既有信息，还是进行其他高层次分析的基础。

（2）空间数据分类的目的是简化复杂的空间信息，突出主要因素。空间数据分类包括：单因素分类（属性变量区间、组合）、间接因素、地理区域、多因素分类、聚类分析。

（3）空间统计分析的目的也是简化复杂的空间信息，突出主要因素。常用的统计分析方法包括：常规统计分析（包括对数据集合的均值、总和、方法、频数、峰度系数等参数的统计分析）、空间自相关分析、回归分析、趋势分析、主成分分析、层次分析、聚类分析、判别分析。

（4）空间数据的多元复合、空间数据叠加是基于同一空间位置、区域进行属性运算过程，也是GIS最主要的分析功能。空间数据叠加是以空间层次分析理论为基础进行空间信息复合，包括视觉信息复合和属性数据层叠合。

（5）网络分析在空间分析中占有极为重要的地位，通过对地理网络等进行地理分析和模型化，实现网络结构及其资源的优化，如寻找最佳路径以及选择最佳布局中心的位置等。

（6）邻域分析是通过空间点周围的邻点，或某特定位置及方向范围内的某种性质的邻点，对其进行分析的一种方法。邻域分析可以获取多种信息，如在调查土地利用时，通过邻域统计可以获得领域范围土地编号和确定土地利用的稳定性。

（7）空间插值方法分为两类：一类是确定性方法，另一类是地质统计学方法。确定性插值方法是基于信息点之间的相似程度或者整个曲面的光滑性来创建一个拟合曲面，如反距离加权平均插值法（IDW）、趋势面法、样条函数法等。地质统计学插值方法是利用样本点的统计规律，使样本点之间的空间自相关性定量化，从而在待测点的周围构建样本点的空间结构模型，如克立格（Kriging）插值法。

6.1.3　野外监测

1. 气象监测

中国有824个基准、基本气象站，记录1951年1月以来本站气压、气温、降水量、蒸发量、相对湿度、风向风速、日照时数和地表气温要素的日值数据。分布在腾格里沙漠周边地区的气象站就有9个，即阿拉善左旗、巴彦诺尔公、吉兰泰、景泰、民勤、武威、中宁、中卫、雅布赖气象站点（见图6.1）。其中除雅布赖以外的 8 个站点资料均取自中国气象局科学数据共享服务网（http：//cdc.cma.gov.cn/）。雅布赖站点的资料来自于内蒙古自治区阿拉善盟气象局，该站于 1965 年（由雅布赖迁至中泉子）和 2007 年（又从中泉子迁回雅布赖）发生过两次迁移，但两地地貌差别甚微，海拔高度几乎相等，距离亦仅约 15km。根据《地面气象观测规范》中的规定：迁移中的新旧站点地形环境差异不是很大，海拔高度小于 100 m，水平距离小于 50km，观测记录一般比较连续，所以雅布赖站的观测数据具有较好的连续性。中卫站 1991 年 1 月—2003 年 12 月的资料缺失，利用其他 8 个站点的资料，采用多元线性回归方法对中卫站的气象资料进行拟合，获得其 1991 年 1 月至 2015 年 12 月的气象资料。

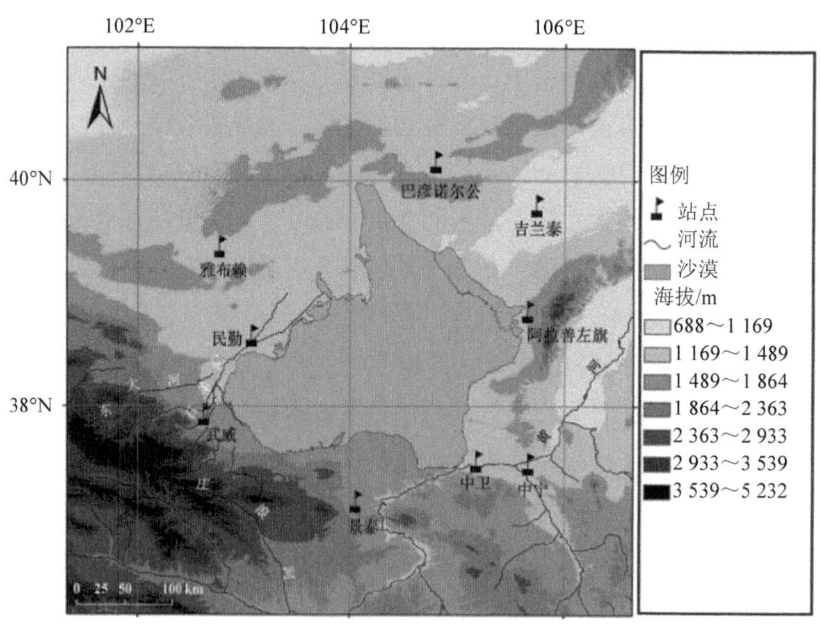

图 6.1　腾格里沙漠周边气象站分布

此外，为研究需要，2012 年先后在腾格里沙漠腹地及边缘区布设了 3 个自动气象站，分别是：

（1）中卫站：2012 年 6 月建成，经纬度 37°30′42.70″N，105°2′59.25″E，传感器包括：风速、风向、温度、相对湿度、气压、感雨器、降水量、土壤热通量（15 cm）。

(2)巴润吉浪站:2012 年 11 月 5 日建成,经纬度 38°40′13.20″N,104°31′41.87″。传感器包括：风速、风向、温度、相对湿度、气压、感雨器。

(3) 巴兴高勒站：2012 年 6 月建成，由于太阳能系统故障而停止工作，2012 年 9 月恢复观测。经纬度 39°58′49.89″N，104°31′41.87″E，传感器包括：风速、风向、温度、相对湿度、气压、感雨器、降水量、土壤热通量（15 cm）、五层土壤温度。

2. 地下水监测

为全面了解沙坡头自然保护区地下水水位变化情况，根据地表植被分布状况，并结合地形，确定 3 个地下水测井打井地点。结合开发灌溉打井的水位记录，近 10 年来保护区地下水位下降，尤其是小湖地区地下水下降严重，影响小湖的存在，小湖面积 10 余年下降近 4/5，几乎成了季节性湖。

但美利纸业等企业在保护区东北区域推沙造林引黄河水灌溉，大量灌溉用水渗入地下，造成局部地下水位上升，部分地区溢出地表，形成多片水洼。

6.1.4　生态系统调查和监测

生态系统调查是研究生态系统的基础性和源头性的工作，通过调查获得第一手资料，十分重要，是理解生态系统组成复杂性及各生态要素之间相互影响的前提。生态系统调查是要摸清和掌握生态系统的主要特征，充分了解生态系统内的生态过程、生态潜力及稳定性机理。

生态系统调查应在动植物物种、种群格局和数量变动、植被群落、区域土地利用、生态系统构建和景观格局等调查和分析的基础上，综合分析和评价生态系统现状，识别生态系统的核心和主要特征。根据调查的空间尺度，生态系统调查可分为动植物物种、植被群落、区域土地利用、景观格局等不同层次。

调查手段主要是室外和室内相结合，采用 3S（RS、GIS 和 GPS）和野外作业相结合，参阅各类基础资料和研究文献，完成生态系统调查。通过采用多时相、多空间分辨率和多光谱分辨率的遥感影像，解译土地利用/覆盖变化，定量反演植被覆盖度、植被指数（EVI）、植被叶面积（LAI）和净初级生产力（NPP）。野外作业采取样方调查和样带调查相结合，同时利用 GPS 记录样点位置，并对遥感解译和定量反演的结果进行野外验证。利用 GPS，对重要数据进行矢量化（如土壤类型图、植被群落分布图等），最后基于 GPS 平台，结合已有矢量数据，将各类生态因子和生态特征进行收集、存储、处理、图形显示，进行空间分析。

1．动植物调查

植物调查主要依靠野外考察，辅之以文献资料分析。野外调查分为样方（quadrat sampling method）调查和样带（transect）调查。野外调查不仅调查生物多样性，也是研究和阐述群落的种类组成、群落结构、时间关系、群落和环境相互关系及群落生产力、动态、类型划分和地理分布等的前提工作，是评估生态系统稳定性的基础工作。

1）野外调查设备和资料

GPS、1∶50 000 地形图、望远镜、照相机、测绳、钢卷尺、测高仪、动植物标本夹瓶、枝剪、手铲、小刀、动植物采集记录本、标签、样方记录用的一套表格纸，方格绘图纸等。准备资料主要有：区域的气象资料，地质资料，土壤资料，地貌水文资料，林业、畜牧业以及社会情况等资料，区域《植物志》《植物检索表》《动物志》《动物（昆虫）检索表》等。

2）样方选择

代表性样地法，采用地形、土壤和 1∶50 000 植被类型矢量图，共 3 个生态要素，进行多维空间的数据聚类和分区，分区的原则是要使区与区之间差别最明显，而同一个区内的数据则尽可能地相似。在每一个区内选择样点，使得样点充分反映了各类植被类型的空间分异特征。

为探明中国中部沙区的生物多样性、物种组成，项目组对中国北方沙漠及典型沙漠自然保护区植被进行了多年的考察，涉及巴丹吉林沙漠、腾格里沙漠、乌兰布和沙漠等地（见图 6.2）。共完成沙漠植被样地 119 个，样方 357 个，典型沙漠自然保护区样地 59 个，样方 177 个，总计完成 534 个植被种群调查样方。同时在种群样方里面随机设计 5 个 1 m×1 m 的小样方对其群落物种组成、生长特征等进行调查，共计小样方 890 个。其中在宁夏中卫沙坡头保护区确定 20 个典型群落样方，由西向东依次编号为 SP_1～SP_{20}（见图 6.3）。

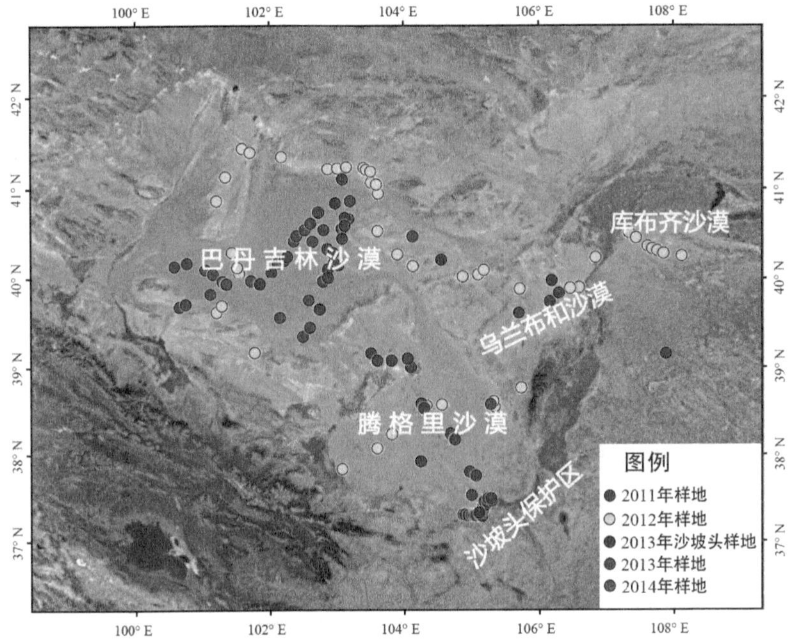

图 6.2　中国中部沙区植被样方分布

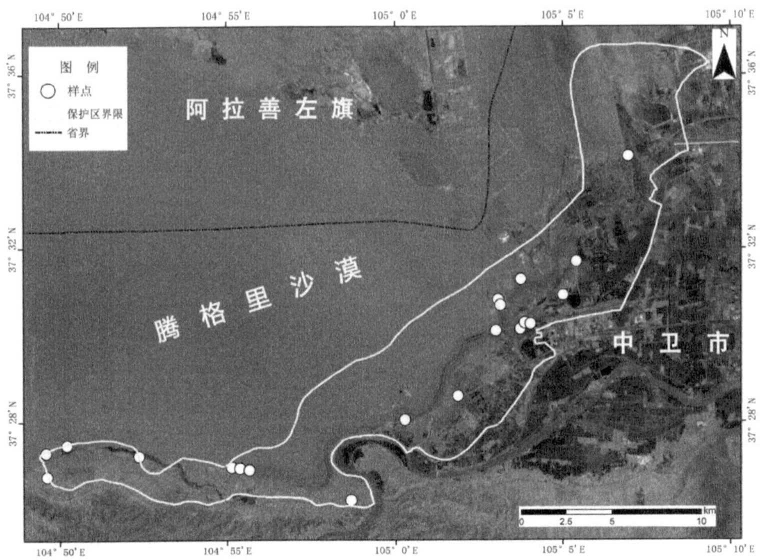

图 6.3　沙坡头自然保护区典型植物群落样方分布

3）样方调查内容

选择一个典型的、一致性的群落地段作为样地。根据植物野外调查的基本规律和特征，一般样方面积取 10 m×10 m。记录样方内典型植物群落物种种类、数量及盖度、高度、数量、冠/根幅、生活力、生物结皮、生物量、物候期等基础数据。同时利用手持 GPS 记录样方准确位置，每个样方内计算两个多样性指数。

2．动植物调查结果

1）中国中部沙区植物本底

（1）物种组成　为探明中国中部沙区的物种组成，为干旱沙漠自然保护区建设的物种进行科学筛选，项目组对中国北方沙漠进行了为期四年的考察，涉及巴丹吉林沙漠、腾格里沙漠、乌兰布和沙漠等地。经统计，中国中部沙漠植物共有 23 科、60 属、83 种，其中，主要为藜科、菊科及禾本科植物，其所属物种占总物种的 49.4%，藜科植物为 19.28%，菊科为 18.07%，禾本科为 12.05%（见表 6.2）。

表 6.2　中国中部沙区物种组成

科名	属名	种名
藜科 Chenopodiaceae	盐生草属 *Halogeton*	白茎盐生草 *Halogeton arachnoideus*
	碱蓬属 *Suaeda Forsk*	长叶碱蓬 *Suaeda glauca*
	猪毛菜属 *Salsola*	刺沙蓬 *Salsola ruthenica*
	虫实属 *Corispermum*	蝶果虫实 *Corispermum patelliforme*
	盐爪爪属 *Kalidium*	黄毛头 *Kalidium cuspidatum*
		尖叶盐爪爪 *Kalidium cuspidatum*
	碱蓬属 *Suaeda*	碱蓬 *Suaeda glauca*
	猪毛菜属 *Salsola*	木本猪毛菜 *Salsola arbuscula*
	梭梭属 *Haloxylon*	梭梭 *Haloxylon ammodendron*
	盐爪爪属 *Kalidium*	盐爪爪 *Kalidium foliatum*
	虫实属 *Corispermum*	蒙古虫实 *Corispermum mongolicum*
	沙蓬属 *Agriophyllum*	沙米 *Agriophyllum squarrosum*
	猪毛菜属 *Salsola*	松叶猪毛菜 *Salsola laricifolia*
	驼绒藜属 *Ceratoides*	驼绒藜 *Ceratoides latens*
	雾冰藜属 *Bassia*	雾冰藜 *Bassia dasyphylla*
	猪毛菜属 *Salsola*	珍珠猪毛菜 *Salsola passerina*

<table>
<tr><th>科名</th><th>属名</th><th>种名</th></tr>
<tr><td rowspan="17">菊科 Compositae</td><td>蒲公英属 Taraxacum</td><td>蒲公英 Taraxacum mongolicum</td></tr>
<tr><td>亚菊属 Ajania</td><td>灌木亚菊 Ajania fruticulosa</td></tr>
<tr><td>百花蒿 Stilpnolepis Krascb.</td><td>百花蒿 Stilpnolepis centiflora</td></tr>
<tr><td>风毛菊属 Saussurea</td><td>风毛菊 Saussurea japonica</td></tr>
<tr><td rowspan="7">蒿属 Artemisia</td><td>沙蒿 Artemisia desertorum</td></tr>
<tr><td>油蒿 Artemisia ordosica</td></tr>
<tr><td>猪毛蒿 Artemisia scoparia</td></tr>
<tr><td>内蒙古旱蒿 Artemisia xerophytica</td></tr>
<tr><td>黑沙蒿 Artemisia ordosica</td></tr>
<tr><td>白蒿 Artemisia sieversiana</td></tr>
<tr><td>骆驼蒿 Artemisia brachyloba</td></tr>
<tr><td>乳苣属 Mulgedium</td><td>乳苣 Mulgedium tataricum</td></tr>
<tr><td>橐吾属 Ligularia</td><td>大黄 Ligularia duciformis</td></tr>
<tr><td>旋覆花属 Inula</td><td>沙旋覆花 Inula japonica</td></tr>
<tr><td>鸦葱属 Scorzonera</td><td>鸦葱 Scorzonera austriaca</td></tr>
<tr><td rowspan="10">禾本科 Gramineae</td><td>扁穗草 Brylkinia Schmidt.</td><td>扁穗草 Brylkinia caudata</td></tr>
<tr><td>针茅属 Stipa</td><td>短花针茅 Stipa breviflora</td></tr>
<tr><td>画眉草属 Eragrostis</td><td>画眉草 Eragrostis pilosa</td></tr>
<tr><td>芨芨草属 Achnatherum</td><td>芨芨草 Achnatherum splendens</td></tr>
<tr><td>芦苇属 Phragmites</td><td>芦苇 Phragmites australis</td></tr>
<tr><td>沙鞭属 Psammochloa</td><td>沙竹 Psammochloa villosa</td></tr>
<tr><td rowspan="2">隐子草属 Cleistogenes</td><td>无芒隐子草 Cleistogenes songorica</td></tr>
<tr><td>隐子草 Cleistogenes Keng</td></tr>
<tr><td rowspan="2">针茅属 Stipa</td><td>克里门茨针茅 Stipa Klemenzii</td></tr>
<tr><td>沙生针茅 Stipa glareosa</td></tr>
<tr><td rowspan="9">豆科 Leguminosae</td><td>野决明属 Thermopsis</td><td>披针叶黄华 Thermopsis lanceolata</td></tr>
<tr><td>沙冬青属 Ammopiptanthus</td><td>沙冬青 Ammopiptanthus mongolicus</td></tr>
<tr><td>棘豆属 Oxytropis</td><td>猫头刺 Oxytropis aciphylla</td></tr>
<tr><td rowspan="2">黄耆属 Astragalus</td><td>黄芪 Astragalus membranaceus</td></tr>
<tr><td>纹茎黄耆 Astragalus sulcatus</td></tr>
<tr><td>槐属 Sophora</td><td>苦豆子 Sophora alopecuroides</td></tr>
<tr><td>甘草属 Glycyrrhiza</td><td>甘草 Glycyrrhiza uralensis</td></tr>
<tr><td>岩黄耆属 Hedysarum</td><td>花棒 Hedysarum scoparium</td></tr>
<tr><td>锦鸡儿属 Caragana</td><td>柠条 Caragana korshinskii</td></tr>
<tr><td rowspan="2">蒺藜科 Zygophyllaceae</td><td>霸王属 Sarcozygium Bunge</td><td>霸王 Sarcozygium xanthoxylon</td></tr>
<tr><td>驼蹄瓣属 Zygophyllum</td><td>蝎虎霸王 Zygophyllum mucronatum</td></tr>
</table>

科名	属名	种名
蒺藜科 Zygophyllaceae		驼蹄瓣 *Zygophyllum fabago*
	白刺属 *Nitraria*	泡泡刺 *Nitraria sphaerocarpa*
		白刺 *Nitraria tangutorum*
	蒺藜属 *Tribulus*	蒺藜 *Tribulus terrester*
百合科 Liliaceae	天门冬属 *Asparagus*	戈壁天门冬 *Asparagus gobicus*
		天门冬 *Asparagus cochinchinensis*
	葱属 *Allium*	沙葱 *Allium mongolicum*
		多根葱 *Allium polyrhizum*
萝藦科 Asclepiadaceae	鹅绒藤属 *Cynanchum*	老瓜头 *Cynanchum komarovii*
		羊角子草 *Cynanchum cathayense*
蓼科 Polygonaceae	沙拐枣属 *Calligonum*	沙拐枣 *Calligonum mongolicum*
	木蓼属 *Atraphaxis*	沙木蓼 *Atraphaxis bracteata*
夹竹桃科 Apocynaceae	白麻属 *Poacynum* Baill.	白麻 *Poacynum pictum*
	罗布麻属 *Apocynum*	罗布麻 *Apocynum venetum*
旋花科 Convolvulaceae	旋花属 *Convolvulus* Linn.	刺旋花 *Convolvulus tragacanthoides*
	旋花属 *Convolvulus*	郭氏刺旋花 *Convolvulus tragacanthoides*
鸢尾科 Iridaceae	鸢尾属 *Iris*	马蔺 *Iris lactea*
眼子菜 Potamogetonaceae	水麦冬属 *Triglochin*	水麦冬 *Triglochin palustre*
莎草科 Cyperaceae	薹草属 *Carex*	灰脉薹草 *Carex appendiculata*
蔷薇科 Rosaceae	桃属 *Amygdalus*	蒙古扁桃 *Amygdalus mongolica*
	绵刺属 *Potaninia*	绵刺 *Potaninia mongolica*
木麻黄科 Casuarinaceae	木麻黄属 *Casuarina*	木麻黄 *Casuarina equisetifolia*
马鞭草科 Verbenaceae	莸属 *Caryopteris*	蒙古莸 *Caryopteris mongholica*
麻黄科 Ephedraceae	麻黄属 *Ephedra*	膜果麻黄 *Ephedra przewalskii*
大戟科 Euphorbiaceae	大戟属 *Euphorbia* Linn.	地锦 *Euphorbia humifusa*
柽柳科 Tamaricaceae	红砂属 *Reaumuria*	红砂 *Reaumuria songarica*
报春花科 Primulaceae	海乳草属 *Glaux*	海乳草 *Glaux maritima*
白花丹科 Plumbaginaceae	补血草属 *Limonium*	黄花补血草 *Limonium aureum*
紫草科 Boraginaceae	砂引草属 *Messerschmidia*	砂引草 *Messerschmidia sibirica*
杨柳科 Salicaceae	杨属 *Populus*	胡杨 *Populus euphratica*
麻黄科 Ephedraceae	麻黄属 *Ephedra*	中麻黄 *Ephedra intermedia*

（2）植物区系　根据植物区系类别的传统划分方法，对区域植被区系的 23 科进行了分类。结果显示，中国北方沙漠不含大科和较大科，含有中科 3 科，即藜科、菊科及禾本科，占本区植物总科数的 13.04%，属数的 41.67%，种数的 49.4%；较小科 2 科，分别为豆科和蒺藜科，占本区总科数的 8.7%，属数的 21.67%，种数的 18.07%；寡种科 7 科，如蓼科、萝藦科、麻黄科等，占本区总科数的 30.43%，属数的 18.33%，种数的 19.28%；单种科 11 科，如柽柳科、杨柳科、紫草科等，占本区总科数的 47.83%，属数的 18.33%，种数的 13.25%（见表 6.3）。反映了沙漠植物大科少，但物种较为丰富，而小科较多，物种少的特点。

表 6.3　中国中部沙区植物科统计

类别	科	属	种	占总科数比例/%	占总属数比例/%	占总种数比例/%
大科（>50 种）	—	—	—	—	—	—
较大科（20～50 种）	—	—	—	—	—	—
中科（10～19 种）	3	25	41	13.04	41.67	49.40
较小科（5～9 种）	2	13	15	8.70	21.67	18.07
寡种科（2～4 种）	7	11	16	30.43	18.33	19.28
单种科（1 种）	11	11	11	47.83	18.33	13.25
合计	23	60	83	100	100	100

注：划分依据，吴征镒，《中国被子植物科属综述》，2003。

优势科的数量及种类，对一个地区的植物区系起着至关重要的作用。植物区系的优势科是指种类众多，并且在植被或植物群落中起着建群作用的科。本次调查按照种数的多少，含植物种数 10 种以上的科，占总科数的 13.04%，属数的 41.67%，种数的 49.4%。由此可见，这三科为干旱沙漠地区的优势科，它们分别是藜科、菊科及禾本科，它们分别包含的物种数分别为 16 种、15 种和 10 种。

沙漠植物共 60 属，其中单种属 47 属，如亚菊属、砂引草属、蒲公英属等，占总属数 78.33%；含 2～3 种的寡种属共 10 属，如针茅属、旋花属、葱属等，占总属数的 16.67%；含 4～6 种的多种属共有 2 属，如猪毛菜属、盐爪爪属，占总属数的 3.33%；7 种以上的优势属 1 属，即为蒿属，占总属数的 1.67%。因此，蒿属为该区的优势属（见表 6.4）。

表 6.4 中国中部沙区植物属统计

类别	属数	占总属数比例/%	种数	占总种数比例/%
优势属（>7 种）	1	1.67	7	8.43
多种属（4～6 种）	2	3.33	8	9.64
寡种属（2～3 种）	10	16.67	21	25.30
单种属（1 种）	47	78.33	47	56.63
合计	60	100	83	100

（3）植被生活型 中国中部沙漠植被共有 15 个生活类型，其中草本植物占显著优势，多年生草本和一年生草本植物占总物种数的 56.63%，主要为属于藜科的碟果虫实、沙米、雾冰藜、盐生草，属于禾本科的画眉草，沙竹、芦苇、针茅等及属于豆科的苦豆子、黄芪等。其次为灌木，占总物种的 13.25%，主要为属于蒺藜科的白刺、霸王，属于麻黄科的膜果麻黄、中麻黄，属于豆科的狭叶锦鸡儿、柠条锦鸡儿、柠条等；小灌木也分布较多，占总物种的 12.05%，主要为菊科的沙蒿、油蒿、骆驼蒿等，属于柽柳科的红砂，属于藜科的盐爪爪、木本猪毛菜、松叶猪毛菜等。其他生活型植被物种较少，都不超过 2 种，如缠绕草本、常绿灌木、藤本植物、攀援植物等（见表 6.5）。但是常绿灌木沙冬青在沙漠中的分布发现无疑为干旱沙漠自然保护区建设的理想物种选择提供了依据。这是因为沙冬青不但抗寒、抗旱、耐盐碱，而且具有良好的防风阻沙效益，在需要起防护作用的关键季节（3—5 月）可以发挥积极作用。胡杨的发现，证明其不仅为河岸荒漠植物，也为沙生植物，具有极强的抗旱性，耐风蚀性，为今后生态环境建设选择胡杨提供了依据。

表 6.5 中国中部沙区植物生活型统计

序号	生活型	种数	比例/%	序号	生活型	种数	比例/%
1	多年生草本	31	37.35	9	常绿灌木	1	1.20
2	一年生草本	16	19.28	10	落叶小灌木	1	1.20
3	灌木	11	13.25	11	亚灌木	1	1.20
4	缠绕草本	1	1.20	12	乔木	2	2.41
5	直立半灌木	2	2.41	13	小乔木	1	1.20
6	小灌木	10	12.05	14	藤本植物	1	1.20
7	半灌木	2	2.41	15	攀援植物	1	1.20
8	小半灌木	2	2.41	—	—	—	—

（4）物种频度　物种频度为出现某一物种的样方数占总调查样方数的比例，它表示物种在某一地区分布的广泛程度，也是衡量某一物种在某一环境下的适应程度。在我国中部沙漠，频度较高的前 5 种植物分别为白刺、沙蒿、霸王、沙米及红砂，频度分别为 9.22%、8.09%、5.99%、4.21%、3.88%。以上物种经过长期的自然选择，成为沙漠中分布最为广泛的物种（见图 6.4）。但在不同的沙漠，同一物种频度存在差异，如巴丹吉林沙漠出现频度较高的前 5 种植物分别为：沙蒿＞沙米＞碟果虫实＞膜果麻黄＞沙竹。沙蒿的频率达 41.67%，沙竹达 15.63%；腾格里沙漠的前 5 种植物分别为：白刺＞沙葱＞霸王＞虫实＞沙冬青。白刺和沙冬青的频度分别为 56.36%，27.27%。乌兰布和沙漠前 5 种植物分别为：白刺＞胡杨＞梭梭＞雾冰藜＞沙冬青。白刺和沙冬青的频度分别为 52%，20%。虽然沙米、碟果虫实等一年生草本出现的频度较高，但它们的出现与当年的降水量有密切的关系，随着降水的增大或减少，而繁育或休眠，频度极不稳定，而只有沙蒿、白刺、霸王沙竹等小灌木、灌木或多年生草本植物为沙漠地区能稳定存在且分布广泛的物种。

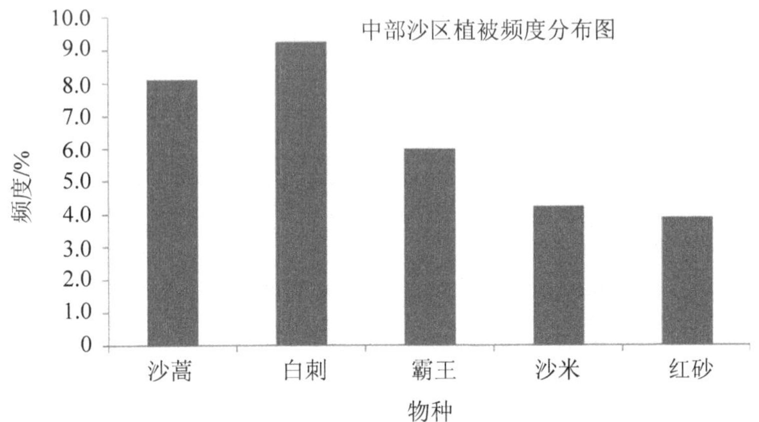

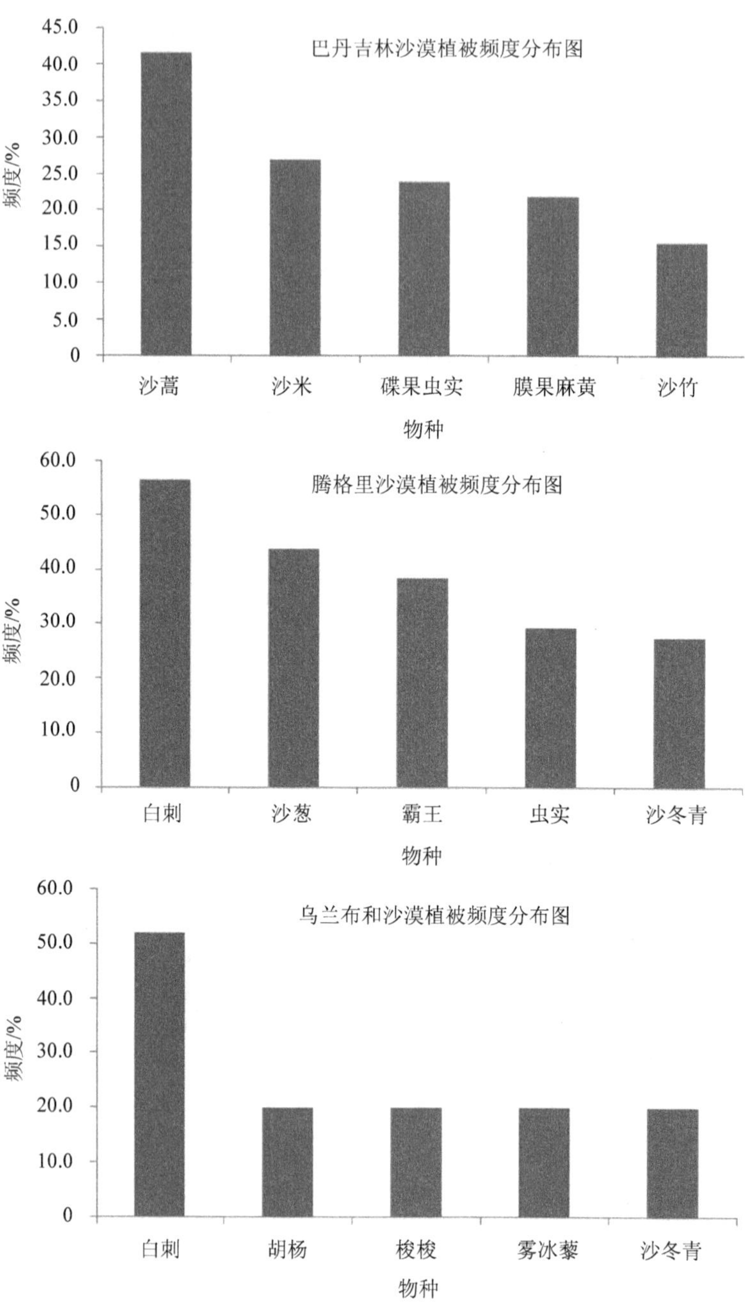

图 6.4 植被物种频度分布（前 5 种）

（5）物种盖度　沙漠地区由于干旱的气候条件，物种盖度较低（见图 6.5）。中国中部沙漠几种优势植物的盖度从高到低顺序为：白刺＞沙蒿＞霸王＞红砂＞沙米。白刺出现的频率虽然不及沙蒿的高，但是白刺常在湖边、丘间地等地以白刺沙包的形式存在，而白刺沙包可以从几平方米发展到几十平方米，因此总体的盖度较大，可达 13.29%。沙蒿常在平缓沙地成片分布，但密度稀疏，个体冠幅较小，以致盖度低于白刺，达 8.96%。霸王常与沙漠同为建群种分布，个体较大，但密度远低于沙漠，以致霸王的盖度较低，为 2.97%；其余物种的盖度均在 1%以下，如红砂、沙米等。

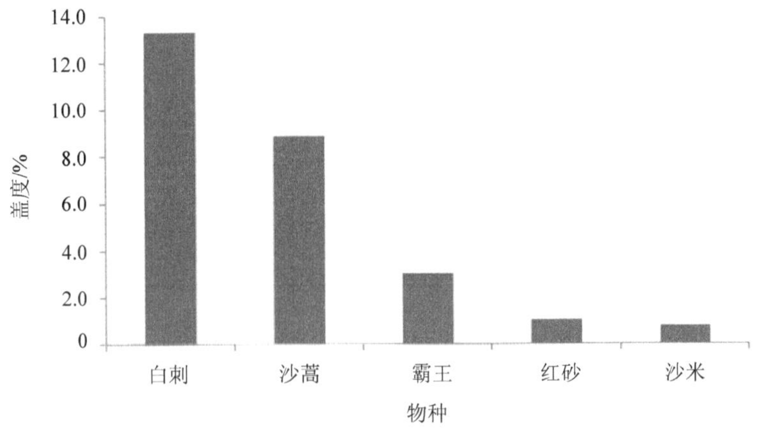

图 6.5　中国中部沙区主要建群种分盖度分布

2）宁夏中卫沙坡头自然保护区植被与植物本底

（1）植物种类组成及变化　一个群落总是包含着很多种生物。植物群落结构调查侧重群落中的植物种类组成和优势物种。物种多样性是植物群落的最重要、最基本特征之一，是决定群落性质最重要的因素，也是鉴别不同群落类型的基本特征。优势种组成差异在一定程度上反映了群落的结构多样性特征。

沙坡头自然保护区内植物种类仍呈每年增加的状态，其中被子植物种类占绝对的优势，野生植物也占很大的比重，可以看出保护区内部也做了大量的保护工作。与 1986—1990 年进行的第一次植物考察结果相比，2002—2004 年第二次植物调查结果表明：近 20 年间保护区种子植物种类略有增加，共计增加了 3 个科，包括紫茉莉科、天南星科、美人蕉科；13个属，包括雾冰藜属、紫茉莉属、芝麻莱属、合欢属、蜀葵属、茴香属、假紫草属、向日葵属、万寿菊属、小麦属、玉蜀黍属、菖蒲属和美人蕉属（见表6.6）。新增加的植物种类中有2个科，10个属和18个种均为栽培植物。新增加的野生植物只有1个科（天南星科）、3个属（雾冰藜属、假紫草属、菖蒲属）和12个种。而且栽培植物主要为农作物和花卉品种，说明造成植物种类略有增加的原因主要是保护区境内农业和人类生产活动加剧，引种栽培外地植物增加而引起的。

表6.6 沙坡头自然保护区植物类群变化

类群	一期考察（1986—1990年）			二期考察（2002—2004年）		
	科	属	种	科	属	种
裸子植物	4	7	11	4	7	14
被子植物	72	214	403	75	227	430
种子植物	76	221	414	79	234	444
野生植物	55	154	252	56	157	264
栽培植物	21	67	162	23	77	180

（2）植物区系　植物区系（flora）是某一地区所有植物种类的总和，是组成各类植被类型的基础。或者是某一时期、某一分类群、某类植被等所有植物种类的总称，是植物界在一定自然环境，特别是自然历史条件综合作用下长期发展演化的结果。它以种群方式存在，组成各地植被的实体，是自然地理环境的反映及环境变迁的佐证或依据。对群落组成进行区系分析可以了解群落的发生以及发展历史，同时可以了解群落的适生环境与稳定性。

宁夏中卫沙坡头自然保护区地处于内蒙古高原、黄土高原和腾格里沙漠的交汇地区，位于北纬37°26′～37°37′，东经104°55′～105°11′。按中国植被区划系统，应划入温带荒漠区域东部荒漠亚区，温带半灌木、灌木荒漠地带，阿拉善高平原草原化荒漠，半灌木、灌木荒漠区。该区为我国荒漠植被的东部边缘，属于荒漠向草原过渡地区。保护区既有荒漠、荒漠草原、草原带沙生植被和灌丛景观，又有沼泽、草甸景观，既有铁路沿线人工固沙林，又有黄河灌区农田景观，从而使保护区形成十分独特和复杂的植被景观组合。根据植物种类成分和群落的外貌与结构特征，保护区的植被类型可概括为自然植被和栽培植被两大类。

基于多次调研与考察，即 2002 年 9 月、2003 年 7 月、2003 年 11 月、2008 年 3 月及 2012 年以来的持续考察，汇总和整理了保护区植被和植物资源变化的基础数据，科学评价了保护区的植被和植物资源的消长变化，具体情况如下：

①自然植被　主要划分为 5 个植被型组（灌丛、草甸、草原及草原带沙生植被、荒漠、沼泽和水生植被），7 个植被型，11 个植被亚型，22 个群系（见表 6.7）。

表 6.7　宁夏沙坡头保护区自然植被类型系统及分布

植被型组	植被型	植被亚型	群系组	群系	分布地点
灌丛	落叶灌丛	盐地潜水落叶灌丛	盐地落叶灌丛	1. 白刺灌丛	碱碱湖、小湖、马场湖盆外盐碱地，长流水村以北沙地
				2. 多枝柽柳灌丛	长流水村至孟家湾水边盐碱地
草甸	草甸	盐生	根茎禾草盐生草甸	3. 赖草草甸	马场湖岸边
				4. 芦苇（小芦苇）草甸	马场湖、高墩湖
				5. 拂子茅草甸	高墩湖、长流水村水边
				6. 芨芨草草甸	长流水村车站东侧盐碱地
			杂类草盐生草甸	7. 马蔺草甸	小湖
				8. 碱蓬草甸	高鸟墩人工旱柳林
		沼泽化草甸	苔草沼泽化草甸	9. 砾苔草草甸	小湖
草原及草原带沙生植被	草原	荒漠草原	丛生禾草荒漠草原	10. 沙生针茅草原	孟家湾
	草原带沙生植被	一年生草本沙生植物		11. 沙米、刺蓬群落	沙区流动沙丘
荒漠	温带荒漠	灌木荒漠		12. 裸果木群系	孟家湾东南干山坡，孟家湾水库南砾石山坡
				13. 狭叶锦鸡儿群系	头道墩至长流水村干山坡
				14. 沙冬青群系	定北墩、头道墩砾石沙地
		半灌木、小半灌木荒漠		15. 红砂、珍珠群系	孟家湾、头道墩、长流水村至孟家湾山坡
				16. 合头草群系	头道墩至孟家湾山坡
				17. 猫头刺群系	孟家湾、头道墩、长流水村至孟家湾

植被型组	植被型	植被亚型	群系组	群系	分布地点
沼泽和水生植被	沼泽植被	草本沼泽	根茎禾草沼泽	18. 芦苇沼泽	马场湖、高墩湖
			杂类草沼泽	19. 狭叶香蒲沼泽	高墩湖、马场湖
	水生植被	沉水植物		20. 狐尾藻群落	高墩湖、马场湖、长流水村至孟家湾水库
		浮水植物		21. 眼子菜群落	高墩湖、马场湖、孟家湾水库
		挺水植物		22. 慈姑群落	高墩湖、马场湖

资料来源：刘遒发等主编，《宁夏沙坡头国家级自然保护区二期综合科学考察》，2011。

②栽培植被 主要划分为 2 个植被型组（木本栽培型组和草本栽培型组）、3 个植被型、3 个植被亚型、7 个群系和 2 个作物系、7 个群丛和 5 个作物组（见表 6.8）。

表 6.8 宁夏沙坡头自然保护区栽培植被类型系统及分布

植被型组	植被型	群系或作物系	群丛或作物种	分布地点
木本栽培植被	防风固沙林型	速生杨群系	中华四六杨纯林或与小叶杨、沙枣、旱柳组成的群丛	腾格里湖、长流水村的农田防护林
		小叶杨群系	小叶杨纯林或与沙枣、柽柳、油蒿等组成的群丛	腾格里湖、长流水村的农田防护林
		沙枣群系	沙枣纯林或与小叶杨、白刺、柽柳组成的群丛	腾格里湖、长流水村的农田防护林
		樟子松群系	樟子松与刺槐、柠条组成的群丛	沙坡头公路旁
		柠条锦鸡儿群系	柠条为主与沙拐枣、花棒、油蒿组成的群丛	沙坡头、大湾、孟家湾铁路南北两侧
		沙拐枣群系	沙拐枣为主与柠条、花棒、油蒿组成的群丛	沙坡头、大湾、孟家湾铁路南北两侧
		花棒群系	花棒为主与柠条、沙拐枣、油蒿组成的群丛	沙坡头、大湾、孟家湾铁路南北两侧
	果园型		以苹果为主的果树作物组	铁路固沙林场、中科院治沙站、县林场
			以葡萄为主的作物组	长流水村及农田防护林
草本栽培植被	粮油蔬菜作物型	旱地作物系	以春小麦为主的作物组	长流水村至孟家湾一带的农田
			以玉米为主的单优势作物组	长流水村至孟家湾一带的农田
		水田作物系	常年水稻作物组	长流水村至孟家湾一带的农田

资料来源：刘遒发等主编《宁夏沙坡头国家级自然保护区二期综合科学考察》，2011。

对比数据，可知近 20 年自然植物群落以及栽培植物群落的动态变化：

①荒漠、灌丛、草甸三种植被类型面积有所增加 2008 年以后本部自孟家湾向西延伸至头道墩，在长流水村以北沙地上出现了白刺灌丛，在长流水村至孟家湾水边盐碱地上出现了多枝柽柳灌丛（新增加的植被类型），从而使灌丛面积有所增加。在长流水村车站东侧出现了芨芨草草甸（新增加的植被类型），在长流水村水边出现了拂子茅草甸，使草甸面积有所增加，而调入区中群落面积增长最大的是荒漠植被中的 6 种群系，即红砂珍珠群系、猫头刺群系、合头草群系、狭叶锦鸡儿群系、沙冬青群系和裸果木群系。其中，合头草群系和狭叶锦鸡儿群系是新增加的植被类型。所以范围调整后保护区荒漠植被面积增加和新的植被类型的出现使荒漠生态系统的维持功能进一步完善，荒漠植物生物多样性保护功能得到更进一步提高。

②草原带沙生植被中半灌木沙生植被大幅减少或消失 保护区范围调整后，定北堆和高鸟墩小湖一带被调出保护区，因为要被开发为机场和宁夏美利纸业林纸一体基地，原来的草原带沙生植被中的半灌木沙生植被油蒿群落、籽蒿群落和柽柳群落将不复存在，使这种“半地带”性植被面积减少。

③水生植被面积有所增加 从长流水村到孟家湾一带形成了由小到大的水库群。由于长年水流不断，形成新的水生植被，主要是狐尾藻群落、眼子菜群落和各种水生植被。这些新增加的水生植被对维持荒漠绿洲的湿地生态系统和增加湿地鸟类多样性方面有重要意义。

④防风固沙乔木林面积大幅减少 保护区原来的防风固沙乔木林主要是小叶杨、沙枣、旱柳组成，面积很大。因保护区范围的调整，高鸟墩、小湖、碱碱湖被调出保护区，使防风固沙乔木林面积减少近 1/3，原来的小叶杨林和沙枣林因病虫害大片枯死，现已改种速生杨等新品种，成为美利纸业公司的林业基地，对整个保护区外围环境来说，对植被的破坏和影响不大。

⑤农田和果园面积大幅减少 保护区范围调整后，黑林村、沙坡头村、北长滩村的农田、果园、防护林和村庄被调出保护区，几乎占到保护区农田和果园总面积的 90%。这些人工植被调出保护区对保护区整个生态系统和植物多样以及对核心区植物资源的影响并不大，并且解决了保护区与周边机关单位、村庄之间保护与开发的矛盾，更有利于保护区的管理。

⑥铁路两侧“五带一体”防护林体系仍然在维持生态保护功能方面发挥重要作用　保护区范围和功能区调整后，虽然调入区和调出区使实验区各缓冲区有所变化，但位于核心区的铁路两侧“五带一体”防护林体系（主要是樟子松群系、柠条锦鸡儿群系、沙拐枣群系和花棒群系）长势良好，仍然保持原有的生态保护功能，为保证包兰铁路和银兰公路的畅通继续发挥重要作用。

（3）动物　动物野外数量统计方法有多种。直接计数法一般适合于大型动物。标记重捕法（mark recapture techniques）可以用于估计小型动物种群的数量。集合种群（metapopulation）所描述的是生境斑块中局域种群（local population）的集合，在空间上存在隔离，彼此间通过个体扩散而相互联系，动态特征表现为局域种类的连续周转、局域绝灭和再侵占等。

动物种类的调查通常有大小兽类、爬行类、鱼类、两栖类、鸟类和昆虫等。它们出生后的环境和习性有很大差异。所以，调查和观测的方法也是不一样的。水域生态系统可以参照《水域生态系统观测规范》（中国生态系统研究网络科学委员会，2007）。

综合各方面调查可知：沙坡头自然保护区共有种子植物 79 科 228 属 440 种，有脊椎动物 5 纲 27 目 65 科 215 种，其中贺兰山岩鹨是填补我国鸟类空白的模式标本。昆虫有 16 目 174 科，677 种，土壤微生物有藻类、细菌和真菌 3 个类群 29 种。反映了当地生态系统在不同空间尺度上的多样性及其变化。

6.2 群落最小面积确定

最小群落面积，又称为临界取样面积，它的主要含义是至少要在这样大的面积内采样才能观察到组成群落的大多数物种。因此在最小面积内观察到的植物群落构成情况基本上可以代表整个群落情况。

最小面积的大小很大程度上取决于植物群落类型，并且变化的幅度很大。确定植物群落的最小面积是研究植物群落，尤其是定量数据获取的首要步骤。最小面积确定的方法有多种，包括种—面积曲线、群落系数—面积曲线、重要值—面积曲线三种。

6.2.1 样地选择

分析建群种和优势种的组成、数量及群落盖度，我们发现该地区的植被具有很高的相似性，根据其地表植被情况，我们选择对区域环境的代表性的关键群落设置样方，共选取6块样地，其植被群落特征见表6.9。

表6.9 样地植物群落特征

样地	海拔/m	植被群系	物种种类	平均盖度
SP1	1 568	狭叶锦鸡儿群系	猫头刺、猪毛菜、雾冰藜、驼绒藜、砂蓝刺头、芨芨草、苦荬菜、白山蓟、狗尾草、百花蒿、紫菀、白草、沙米、狭叶锦鸡儿、狗哇花、沙葱	0.35
SP2	1 528	猫头刺群系	猫头刺、猪毛菜、沙米、苦苣菜、狗尾草、砂蓝刺头、老鸹头、小画眉草、白山蓟、柠条锦鸡儿、百花蒿、苦荬菜、白草、驼绒藜	0.15
SP3	1 424	花棒群系	沙米、栉叶蒿、花棒、猪毛菜、小叶锦鸡儿、柠条锦鸡儿、雾冰藜、狗尾草	0.40
SP4	1 378	柠条锦鸡儿群系	小画眉草、猪毛蒿、狗尾草、地锦草、柠条锦鸡儿、猪毛菜、猫头刺、栉叶蒿、叉枝鸦葱、细叶鸢尾	0.10
SP5	1 226	沙枣群系	芦苇、赖草、白刺、角果碱蓬、雾冰藜、尖叶盐爪爪、碱蓬、碱地风毛菊、沙枣	0.20
SP6	1 244	小叶杨群系	沙枣、油蒿、苦荬菜、雾冰藜、芦苇、小画眉草、柠条锦鸡儿、虫实、狗尾草、沙米、猪毛菜、小叶杨	0.30

野外调查方法为巢状样地法。通过最初划出一个小面积，记录下在这一小面积内的全部种类。然后扩大样方面积增至原来的两倍，以后再增至4倍、8倍等。对每一个增大的面积，分别记录下增加出现的种数。样地面积一直增大到种类的增加几乎极小时为止。由于沙坡头的荒漠植被多为灌丛，因此在总结了前人的经验之后，我们将最初划定的一个小面积设置为1 m×1 m，将样地划分为1 m^2、2 m^2、4 m^2、8 m^2、16 m^2、32 m^2、64 m^2、128 m^2、256 m^2、512 m^2共10个面积梯度。

6.2.2 最小面积确定方法

本研究采用基于种—面积曲线的方法确定群落最小面积。拟合种—面积曲线的数学模型分为饱和曲线和非饱和曲线两大类，两种曲线的区别在于非饱和曲线需要提前知道群落中的总物种数，而饱和曲线可以对总物种数进行估计。本研究采用 4 种饱和曲线对群落的最小面积进行拟合，以期获得适于干旱荒漠生态系统最小面积的估算模型。

$$S=aA/(1+bA) \tag{1}$$

$$S=c/(1+ae^{-bA}) \tag{2}$$

$$S=c-ae^{-bA} \tag{3}$$

$$S=a(1-e^{-bA}) \tag{4}$$

式中：A —— 面积；

S —— A 中出现的物种数；

a、b、c —— 待估参数。

比例因子反映了样地内所出现物种占全部物种数的百分比。对应于上述种—面积曲线，要得到群落总种数一定比例ρ（$0<\rho<1$）的物种所需的最小面积分别为

$$A=\frac{\rho}{b(1-\rho)} \tag{5}$$

$$A=-\ln\frac{1-\rho}{ap}\bigg/b \tag{6}$$

$$A=-\ln\frac{c(1-\rho)}{a}\bigg/b \tag{7}$$

$$A=-\frac{\ln(1-\rho)}{b} \tag{8}$$

6.2.3 结果与分析

1．种—面积曲线的拟合

各样地中对应不同取样面积的物种数见表 6.10。采用饱和曲线模型（1）～（4）对表 6.6 中的数据进行拟合，得到拟合结果（见表 6.11）。可以看出种—面积关系

拟合优度 R^2 值均在 0.750 以上，拟合效果良好，符合精度要求。

基于表 6.7，针对不同的植被群系，拟合得到各自的最优方程如下：

狭叶锦鸡儿群系：$S=16.084-13.829e^{-0.068A}$　　$R^2=0.997$

猫头刺群系：$S=13.950-11.159e^{-0.029A}$　　$R^2=0.977$

花棒群系：$S=8.112/(1+2.422e^{-0.051A})$　　$R^2=0.980$

柠条锦鸡儿群系：$S=9.954-8.247e^{-0.173A}$　　$R^2=0.996$

沙枣群系：$S=12.029/(1+4.072e^{-0.057A})$　　$R^2=0.995$

小叶杨群系：$S=13.723-10.533e^{-0.067A}$　　$R^2=0.986$

表 6.10　不同面积样地中的物种数

样点	不同取样面积（m^2）中的物种数									
	1	2	4	8	16	32	64	128	256	512
SP1	3	4	6	8	11	15	16	16	16	16
SP2	3	3	4	5	8	10	11	13	14	15
SP3	2	3	3	3	4	5	8	8	8	8
SP4	3	4	6	8	9	10	10	10	10	10
SP5	2	3	3	3	5	7	11	12	12	12
SP6	3	5	6	8	10	12	13	14	14	14

表 6.11　植物群落种—面积曲线拟合结果

样地	曲线方程	参数			R^2	样地	曲线方程	参数			R^2
		a	*b*	*c*				*a*	*b*	*c*	
SP1	1	2.373	0.141	—	0.981	SP2	1	1.140	0.079	—	0.961
	2	3.512	0.137	15.925	0.991		2	3.019	0.069	13.453	0.952
	3	13.829	0.068	16.084	0.997		3	11.159	0.029	13.950	0.977
	4	15.848	0.094	—	0.973		4	13.226	0.059	—	0.908
SP3	1	0.801	0.098	—	0.848	SP4	1	3.835	0.371	—	0.989
	2	2.422	0.051	8.112	0.980		2	2.744	0.319	9.866	0.987
	3	6.044	0.027	8.176	0.968		3	8.247	0.173	9.954	0.996
	4	7.837	0.055	—	0.788		4	9.834	0.245	—	0.977
SP5	1	0.649	0.050	—	0.949	SP6	1	2.754	0.196	—	0.983
	2	4.072	0.057	12.029	0.995		2	2.380	0.124	13.555	0.970
	3	10.427	0.025	12.240	0.987		3	10.533	0.067	13.723	0.986
	4	11.988	0.035	—	0.937		4	13.236	0.132	—	0.923

2．群落最小面积

根据不同植被群落的种—面积最优曲线模型，采用与模型相对应的群落最小面积方程，得到群落总种数一定比例ρ（ρ=0.6，0.7，0.8，0.9）的物种所需的最小面积（见表 6.12）。

表 6.12 荒漠植物群落最小面积

样地	方程	比例因子			
		0.6	0.7	0.8	0.9
SP1	3	11	15	21	32
SP2	3	24	34	48	72
SP3	2	25	34	45	60
SP4	3	4	6	8	12
SP5	2	32	39	49	63
SP6	3	10	14	20	30
最小群落面积		18	24	32	45

结果表明：对沙坡头自然保护区荒漠植被群落而言，当比例因子ρ分别取 0.6、0.7、0.8 时，对应群落最小面积分别为 18 m^2、24 m^2、32 m^2，可满足包括总群落的 60%、70%、80%的植物种类的中等精度要求，可分别将样方大小设置为 3 m×6 m、4 m×6 m、4 m×8 m 进行取样；当比例因子ρ取 0.9 时，群落最小面积为 45 m^2，可满足包括总群落的 90%的植物种类的高等精度要求，可分别将样方大小设置为 5 m×9 m 进行取样。

研究发现，采用饱和曲线模型 $S=c/（1+ae^{-bA}）$和 $S=c-ae^{-bA}$ 对荒漠植被群落的拟合具有更高的拟合优度和准确性，更适应荒漠区域的植被分布特征，不同的植被群落的种—面积最优曲线模型方程是不同的，需要分别计算以保证研究精度要求，得到群落最小面积。

最小面积一般很少作为确定野外植被调查样方面积设置的依据，而是作为表征植被群落的生物多样性强度的定量指标。一般来说，最小面积越大，其生物多样性越复杂，反之最小面积越小，生物多样性越简单。沙坡头自然保护区中包括荒漠植被群落 90%的植物种类时的最小面积也仅为 45 m^2，因此该区域的物种丰富度是十分低的。

就同一植被类型区域而言，植物种类较多的群落对应的最小面积不一定比植物种类较少的群落的最小面积大。这可能是由于一定面积内的植物种类分布不均造成的，分布均匀的植物群落导致其最小面积较小，而分布不均的植物群落导致其最小面积扩大。沙坡头自然保护区由于其特殊的地理位置和自然概况，植被分布极端不均匀，因此所获取的最小面积值存在一定的问题，故还需进一步研究。当然，这可能与干旱荒漠地区特殊的区域气候、复杂的地形变化、海拔、荒漠群落植被退化严重等原因有关，从而导致原始数据在进行曲线拟合时存在一定难度，同时样地的选取及样方设置方式在一定程度上也影响了曲线的拟合结果。

6.3 稳定性评估指标数据确定途径

干旱荒漠生态系统稳定性评估指标涉及多个方面，每个指标的属性（自然、空间）都存在差异，其信息来源及确定方法和途径会存在差异（见表6.13）。

表6.13 稳定性评估指标评价数据确定途径

	稳定性维度	复合指标	具体指标	数据来源
干旱沙漠生态系统稳定性	抵抗力稳定性	水土环境	土壤养分含量	野外考察，室内分析
			土壤含水率	野外考察，室内分析
			潜水水位	野外观测
		面积适宜性	核心区面积比例	统计分析
			保护区总面积大小	统计分析
			流沙区面积比例	野外考察，遥感分析
		生态管理	环保资金投入	统计分析
			保护区管理者素质	统计分析
	恢复力稳定性	干扰强度	气温变率	气象统计数据
			土壤风蚀强度	野外观测
			保护区内人类活动强度	统计分析，遥感分析
			保护区周边地区人类活动强度	统计分析，遥感分析

	稳定性维度	复合指标	具体指标	数据来源
干旱沙漠生态系统稳定性	恢复力稳定性	群落组成	沙生植物覆盖度	野外考察，遥感分析
			原生植物种优势度	野外考察
			生物结皮盖度	野外考察
	演替稳定性	群落生态结构	地上层片结构	野外考察
			水平数量结构	野外考察
		群落物质交换与固碳能力	阳离子交换量	野外考察，室内分析
			植被净初级生产力	野外考察，模型分析

6.4 数据管理

6.4.1 建立数据库

干旱沙漠自然保护区生态系统稳定性评价数据库主要包括元数据库、基础地理数据库、遥感影像数据库、生态专题数据库与社会经济数据库 5 个部分。数据库结构如图 6.6 所示。

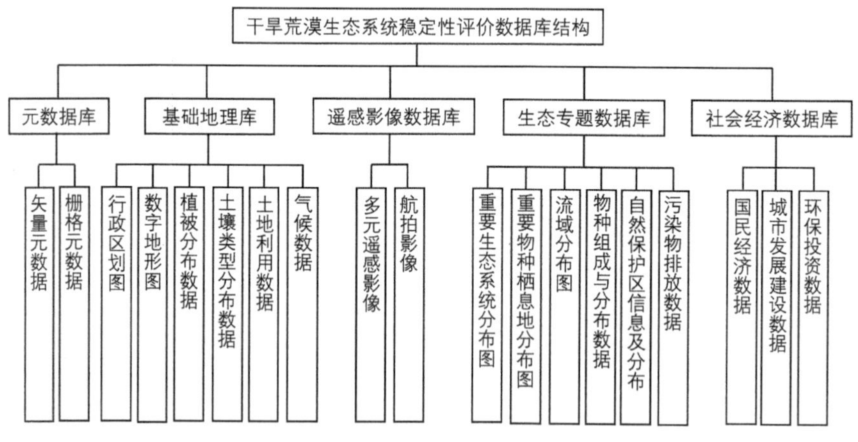

图 6.6 数据库结构

1．元数据库

用于存储和管理各类元数据，如数据集作者、数据集名称、数据用途、数据类型、分辨率、投影坐标系统、数据来源、产生时间等。元数据与其对应的具体信息数据应建立关联，并能实现与其对应的具体信息数据进行同步更新。

2．基础地理数据库

用于管理与维护各类基础地理信息数据，包括行政区划、数字地形图、交通、水系、植被分布、土壤类型分布、土地利用、气候、地面监测点等有关自然和社会要素位置、形态和属性等的数据。

3．遥感影像数据库

管理自20世纪70年代以来的多期遥感影像与航拍影像。

4．生态专题数据库

管理与维护各类生态专题数据。包括物种组成与分布、重要生态系统类型及其分布、重要物种栖息地分布、流域分布数据、自然保护区情况、污染物排放情况等数据。

5．社会经济数据库

管理各类社会经济数据。包括国民经济情况、旅游活动、工业发展、污染物排放、环保投资等方面的数据。

6.4.2 数据库组织

1．矢量数据

矢量空间数据采用Shape File文件格式存储，并根据全国测绘标准，转换为统一的空间参考方式。文件统一命名，使用规范化字段和记录的代码编目，并采用元数据为矢量数据建立索引。

2．栅格数据

栅格数据统一采用Erdas Image文件格式存储。对于遥感卫片，不同分辨率数据应进行几何纠正，并转换到与矢量数据统一的空间参考。对于数字化地形图数据，利用高分辨率的地形数据对低分辨的地形数据进行修补和纠正，并转换到国家标准比例尺的地形数据。文件统一命名，使用规范化字段和记录的代码编目，并采用元数据为各栅格数据建立索引。

3. 表格数据

对统计资料等表格化数据，用 Microsoft Office Excel 软件将表格数据转换为统一格式的数据表文件存储，并建立文件索引。

4. 文档数据

对文本描绘、图形、专题图件等非结构化数据，采用文档格式存储到数据库中，并建立文件索引。

6.4.3 分区展示

提供对环境资料、生态系统本底数据、遥感影像、专题图件、单项评价、综合评价结果等的浏览查询以及综合分析。

第 7 章　宁夏沙坡头国家级自然保护区示范性评估

7.1　自然保护区概况

7.1.1　自然保护区建立的由来

宁夏中卫沙坡头国家级自然保护区建于 1984 年 7 月，宁夏回族自治区人民政府以宁政办函〔84〕78 号文批准建立了“宁夏中卫沙坡头自然保护区（省级）”。1994 年，国务院以国函〔1994〕26 号文批准为国家级自然保护区，现直属自治区环境保护厅领导。

该保护区原是沙丘覆盖地，为保护包兰铁路，维护荒漠生态系统的稳定性，保护沙漠绿洲，以中卫固沙林场为主的有关部门采取以扎草方格为基础的防沙治沙措施，之后不断进行生态建设，在自然与人为的共同作用下，形成了一个具有典型性、示范性的人工生态与自然生态有机结合的生态系统。

7.1.2　地理位置与功能

沙坡头国家级自然保护区（以下简称沙坡头保护区）位于宁夏中卫城区的西北部和腾格里沙漠的东南缘的交界地带，地理坐标范围为东经 104°55′42″～105°11′54″，北纬 37°26′06″～37°37′25″。东起二道沙沟南护林房，西至头道墩，北接腾格里沙漠，南邻黄河；在铁路孟家湾—沙坡头段向北延伸 1 000～2 000 m，沿“三北”防护林二期工程基线向东北延伸至定北墩外围 300～500 m，形成一条西南—东北走向的狭长弧形地带，长约 38 km，总面积 14 043.09 hm^2，占中卫市土地面积的 3.07%。海拔 1 300～1 500 m，自然地理条件复杂，生态环境脆弱（见图 7.1）。

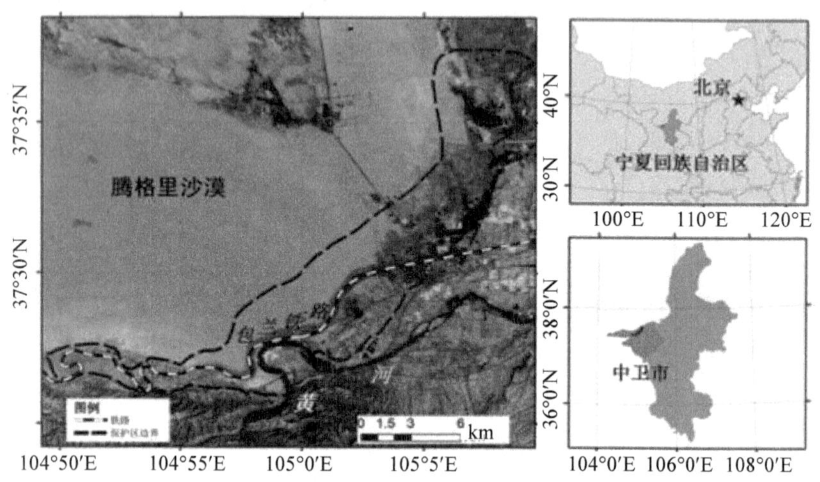

图 7.1 沙坡头国家级自然保护区地理位置

按照总体规划、保护区功能，沙坡头保护区分为三个区：核心区、缓冲区和实验区。进一步将核心区划为 6 个核心亚区，缓冲区划分为 7 个缓冲亚区，实验区划分为 9 个实验亚区。沙坡头自然保护区的核心区面积为 3 956.76 hm^2，占保护区总面积的 28.18%。其功能是保护防风固沙林，保障包兰铁路畅通无阻。缓冲区面积 5 414.12 hm^2，占保护区总面积 38.55%，它分布在核心区外围，主要功能是使核心区不受任何破坏性干扰，起维护、调节、缓冲作用，确保自然生态系统的良性循环。该区域面积大，人为活动少。处于保护区边界以内，缓冲区以外的区域为试验区，面积达 4 672.21 hm^2，占保护区总面积的 33.27%，保护区的建设项目、旅游项目等一般都在试验区内，这里也是开展农林科研活动的地方。

7.1.3 自然环境与资源

1. 气候

沙坡头保护区属温带大陆性气候，在全国自然区划中属温带干旱气候区。具有干旱少雨、蒸发强烈、冷热温差大、光照充足、风大沙多、冬寒长、夏热短、春暖迟、秋凉早和气象灾害较多等特点。年平均太阳辐射总量 6.2×10^9 J/m^2，日照时数 2 776.72 h，年平均气温 9.6℃。1 月份最低气温为−25.1℃，7 月份最高气温为 38.1℃，年较差达 63.2℃。≥10℃积温 3 017℃，≥0℃的无霜期平均 179 d。年平均降水量在 186.6 mm，年蒸发量在 3 000 mm，是年平均降水量的 16 倍，干燥度 2.4。年起风沙时数达 900 h 以上，年平均风速 2.8 m/s，风沙日以 3—6 月为多，最大风力可达 8 级。大风常伴有沙暴，沙暴日年平均 5～19 d，风向多为西北风。主要灾害性天气有干旱、霜冻、大风、暴雨、冰雹、热干风、低温冷害等。

2．地质地貌

在地质发展过程中，沙坡头地区受各地质时期沉积与剥蚀、多期特定而强烈的应力作用，形成河西构造体系、卫宁区域东西向构造带及陇西旋卷构造体系交织的复合区。

沙坡头保护区的地势西北高、东南低，由西北向东南倾斜。保护区沙漠由腾格里沙漠前移堆积而成，沙层厚度一般在 20～30 m，最厚达 50 m。多为垄状沙丘、新月形沙丘链构成的典型的风沙地貌。沙丘纵横，高低起伏，状若波涛。

3．水文水资源

保护区的地表水主要有过境的黄河水、大气降水径流和泉水湖泊。黄河丰水期和枯水期径流量变化较大，水面自然比降为 1/1 300 左右，洪水期流速 2.2～4.0 m/s，常水期为 1.7～3.0 m/s，枯水期为 0.77～2.0 m/s。平均水深洪水期 1.8～8.7 m，常水期 1.7～5.2 m，枯水期 1.6～3.7 m，平均流量为 1 038 m^3/s。由于沙坡头水利枢纽投入运营，河面比降、水深、流速、径流量、水位高低都已发生变化。

1）降水

保护区所在沙坡头区年降水 180 mm，且降水集中，各月降水相差很大，6—9 月降水量占全年降水的 70 mm 以上，降水月分配见表 7.1。

表 7.1　沙坡头区降水量逐月分配　　单位：mm

月份	1 月	2 月	3 月	4 月	5 月	6 月	7 月	8 月	9 月	10 月	11 月	12 月	全年
多年平均	0.9	1.4	3.5	10.4	17.1	20.8	33.5	52.8	24.4	11.7	3.0	0.5	180

2）过境黄河水资源量

下河沿断面是黄河中卫入境断面，属国控断面，根据黄河流域水资源评价成果，下河沿断面多年（1956—2000）平均实测径流量为 307.7 亿 m^3。另根据《宁夏回族自治区水资源公报》（2001—2013）资料，近 12 年下河沿断面实测入境径流量为 263.80 亿 m^3。

3）湖泊与地下水

受基底构造的控制，形成一些封闭的内陆湖盆。保护区境内泉水湖泊有高墩湖，水面 86.7 hm^2，马场湖 26.7 hm^2，龙宫湖 13.3 hm^2，小湖 75 hm^2。另有碱碱湖、荒草湖已成为季节性积水湖。地下水的主要来源有：沙地凝结水、黄河及大气降水补给。地下水平衡形式：主要由大气蒸发，垂直排泄，径流排泄区外。钻孔揭露下伏的第四纪洪积层中，其实测地下水流向，由西偏北向东偏南，流速 0.3 m/d。地下水资源量 0.16 亿 m^3，水质较好，矿化度 0.4～1.5 g/L。

4．土壤

沙坡头保护区土壤类型较为复杂，分布有 6 个土类，土壤总面积 13 262.6 hm^2，以风沙土为主，另外尚有灰钙土、潮土、新积土、灌淤土、盐土分布。风沙土面积 10 610 hm^2，占保护区土壤总面积的 80%左右；灰钙土面积 1 127 hm^2，占比 8.5%；潮土面积 1 326 hm^2，占比 10%；另外新积土、灌淤土、盐土合计面积只有 199.6 hm^2，占比 1.5%。

5．生物资源

保护区地处我国沙漠植被的东部边缘，属于荒漠和草原的生态过渡带。本区的景观有荒漠、旱生超旱生的荒漠草原灌丛景观、沼泽、湖泊湿地、草甸景观、铁路沿线固沙林、速生杨人工林景观及黄河灌区农田景观，使本区具有独特和复杂的植被景观组合。总体上植被类型可概括为自然植被和栽培植被两大类。

保护区的动物群无论是种类还是数量总体均比较贫乏，但区系成分组成较为复杂，属温带荒漠、半荒漠动物群。共分为四个类群：荒漠动物群、固沙林动物群、湿地动物群、村庄农田动物群。两栖类物种极少，鸟类的种群数量相当丰富，占有绝对优势（刘遒发等，2010）。

1）植被

保护区地处内蒙古高原、黄土高原和腾格里沙漠的交汇地区，在植被区划上，保护区属“温带荒漠区域东部荒漠亚区，温带半灌木、灌木荒漠地带，阿拉善高原草原化荒漠，半灌木、灌木荒漠区”。保护区植被可划分为5个植被型组、7个植被型、22个群系；其中新增加南片区有2个植被型组、2个植被型和4个群系。保护区自然植被的特点：一是地带性植被——荒漠和荒漠草原植被面积很小，仅在保护区东西两端浮沙较薄的边际地带呈现，而大面积的则是非稳定性的处于不同演替阶段上的沙生演替系列和湖沼演替系列；二是本区的荒漠草原和荒漠植被，不仅具有显著的旱生生态学特征，而且群落的建群种及植物种类组成几乎全部由旱生、强旱生的木本和草本植物组成；三是自然植被的群落结构简单，成层现象不明显；四是水平分异较明显，由西向东、由荒漠植被渐变为荒漠草原植被。

（1）灌丛植被：分布于马场湖和小湖等地区的湖盆外围盐碱地或沙丘上，以白刺为代表种类。

（2）草甸植被：是在土壤水分充足的条件下发育而来的植被类型，以多年生草本植物为建群种。保护区内有赖草草甸、芦苇草甸、拂子茅草甸、马蔺草甸和碱苔草甸等6类群系组成。

（3）草原及草原带沙生植被：保护区地处草原化荒漠和荒漠草原的交汇地。沙生针茅是保护区草原植被的代表种类。草原带沙生植被是指在草原植被分布范围内的沙地上，由具有适沙性能的各种生活型类群组成的植物群落综合体，主要分布在保护区东部的流动沙丘、半固定沙丘和固定沙丘。

（4）荒漠植被：沙坡头的荒漠植被由裸果木群系、沙冬青群系、红砂和珍珠群系、合头草群系和猫头刺群系组成，其中裸果木群系和沙冬青群系主要分布于计划新调入保护区的黄河南岸山区的上、下河沿和窑沟。

（5）沼泽和水生植被：沼泽植被主要分布于高墩湖、马场湖、荒草湖和小湖等地区的浅水区，分为芦苇沼泽和狭叶香蒲沼泽群系。水生植被是生长在水域环境中的植被类型。在保护区高墩湖、马场湖、鱼塘和灌渠旁有积水的地方都有分布。

2）植物资源

保护区共有裸子植物4科8属14种（包括种下等级），被子植物75科220属426种（包括种下等级），合计种子植物79科228属440种，占宁夏自治区种子植物的24.30%；其中栽培植物共176种；自然分布的野生植物264种包括双子叶植物190种；单子叶植物12科，41属，72种。计划新调入的黄河南岸山地有种子植物 105 种。保护区被列入国家保护的植物有裸果木（*Cymnocarpos przewalskii*）、沙冬青（*Ammopiptanthus mongolicus*）和胡杨（*Populus euphratic*a）。阿拉善地区特有植物有阿拉善碱蓬（*Suaeda przewalskii*）、宽叶水柏枝（*Myricaria platyphylla*）和百花蒿（*Stilpnolepis centiflora*）。有经济价值的资源植物共计63种，占保护区种子植物的14.32%，按性质和用途可将它们分为4类。

（1）森林资源及防沙造林植物　保护区位于腾格里沙漠的边缘，风沙是影响当地环境和发展的主要因素。森林及防风固沙植物在维持保护区生态平衡方面起着重要的作用。保护区共有森林资源及防风固沙造林植物16种，代表种类有胡杨、沙拐枣（*Calligonum* spp.）、花棒（*Hedysarum scoparium*）、柠条（*Caragana korshinskii*）和梭梭（*Haloxylon ammodendron*）。

（2）食用植物　这类植物为人类提供植物油、淀粉或可直接食用。保护区的野生食用植物种类较少，只有7种，代表种类有蕨麻（*Potentilla anserina*）、白刺（*Nitraria* spp.）和籽蒿（*Artemisi sperocepla*）。

（3）优良牧草　可为家畜作饲料的植物为牧草植物。这类植物在保护区的数量颇多，其中优良牧草就有18种，代表种类有细叶早熟禾（*Poa angustifolia*）、冰草（*Agropyron michnoi*）、沙葱（*Allium mongolicum*）、赖草（*Leymus secalinus*）。

（4）药用植物　凡是具有特殊化学成分及生理作用的植物往往均可供药用。保护区内有药用植物24种，主要种类有甘草（*Glycine uralensis*）、枸杞（*Lycium* spp.）和麻黄（*Ephedra* spp.）等。

3）动物资源

沙坡头自然保护区有脊椎动物194种，其中鱼类18种，两栖类3种，爬行类5种，鸟类147种，兽类21种。鱼类占宁夏自治区鱼类种数的58.1%，两栖类占50.0%，爬行类占27.8%，鸟类占51.9%，兽类占29.6%。计划调入的黄河南岸山地和过境的黄河有脊椎动物34种。

沙坡头自然保护区列入国家重点保护野生动物名录的种类有23种，占保护区脊椎动物的11.9%，其中Ⅰ级保护种类5种：黑鹳（*Ciconia nigra*）、金雕（*Aquila chrysaetos*）、玉带海雕（*liaetus leuvoryphus*）、白尾海雕（*liaetus albicilla*）和大鸨（*Otis tarda*），Ⅱ级保护种类18种：鸢（*Milvus korschun*）、大鵟（*Buteo hemilasius*）、

白尾鹞（*Circus cyaneus*）、鹗（*Pandion liaetus*）、红隼（*Falco tinnunculus*）、灰背隼（*Falco columbarius*）、大天鹅（*Cygnus Cygnus*）、纵纹腹小鸮（*Athene noctua*）、雕鸮（*Bubo bubo*）、长耳鸮（*Asio otus*）、短耳鸮（*Asio flammeus*）、灰鹤（*Grus grus*）、蓑羽鹤（*Anthropoides vicgo*）、白琵鹭（*Platalea leucorodia*）、荒漠猫（*Felis bieti*）、猞猁（*Lynx lynx*）、鹅喉羚和岩羊。在计划调入的黄河南岸山地有国家Ⅱ级保护动物 3 种：大鵟、纵纹腹小鸮和岩羊。保护区列入 CITES 附录的脊椎动物有 21 种，占保护区脊椎动物种类的 10.82%，其中列入附录Ⅰ的只有白尾海雕一种，余下均为附录Ⅱ。计划调入的黄河南岸山地有 CITES 附录的有大鵟和纵纹腹小鸮。列入《中日保护候鸟及栖息环境协定》鸟类名录分布于保护区的鸟类有 65 种，占保护区鸟类种数的 44.2%。

保护区具间接经济意义的动物主要是肉食性种类。以啮齿类（包括草兔）为食的种类有狐（*Vulpes vulpes*）、艾鼬（*Mustela eversmannii*）、荒漠猫、猞猁、各种猛禽和伯劳等；以有害昆虫为食的有蝙蝠（*Eptesicus nilssoni*）、大耳猬（*Hemiechinus auritus*）、纵纹腹小鸮、红隼、大杜鹃、伯劳、鹟科（*Muscicapidae*）、燕科（*Hirundinidae*）、鹡鸰科（*Motacillidae*）、鸻科（*Cradriidae*）、鹬科（*Scolopacidae*）、戴胜（*Upupa epops*）、椋鸟（*Sturnus cineraceus*）、红翅悬壁雀（*Tichodroma muraria*）和所有的两栖爬行类。保护区具直接经济意义的动物种类比较多，可以分为以下四类：

（1）皮毛用种类：这类动物的皮张可用来制革。有麝鼠（*Ondatra zibethica*）、荒漠猫、岩羊、草兔、鹅喉羚、猞猁、艾鼬等，都是兽类。

（2）肉用种类：这类动物的肉可供食用，有较高的狩猎价值。兽类有岩羊、草兔，鸟类有石鸡、毛腿沙鸡（*Syrrptes paradoxus*）、岩鸽（*Columba rupestris*）、雁鸭类等，鱼类有鲤鱼（*Cyprinus Carpio*）、鲫鱼（*Carassius auratus*）和鲢鱼（*Hypophtlmichthys molitrix*）等。

（3）羽用种类：主要是指一些鸟类，其羽毛可作填充物或可做装饰之用。所有的雁鸭类、金雕、白鹭和黑鹳等。

（4）药用种类：这类动物的产品或其自身可以入药治疗疾病。有蟾蜍（*Bufo raddei*）、蝮（*Agkistrodon intermedius*）、鸢、麻雀、麝鼠和大耳猬等。

7.1.4 经济与社会

沙坡头保护区位于中卫市城区迎水镇，区内有沙坡头村、鸣钟村、黑林村、孟家湾村、长流水村 5 个行政村。辖区内有国家直属科研单位 1 个、区、市直属事业单位 6 个、企业 11 家。

据 2013 年统计，保护区人口共有 7 410 人，其中行政村农民 5 278 人，占人口总数的 71.23%，全部为汉族。企事业单位有职工 2 132，占人口总数的 28.77%。人口密度 5.27 人/km^2。

保护区区位优势明显：处于宁、甘、蒙三省交界，距离银川市 189 km、兰州 320 km、西安 620 km。通往周边地区的路网发达、交通十分便利，铁路及公路四通八达，区内有包兰、中宝、甘武、中太（拟建）铁路。通过本区可达 12 个省会城市，中营高速公路、银兰、迎闫公路以及下河沿水运码头纵横穿过。有线通信和无线通信网络覆盖保护区大部分地区，保护区可以通过程控电话、全球通等方式实现管理处内部与区外的通信联系，通过电台、对讲机进行区内联络。保护区电力资源丰富，电网建设遍布整个保护区区域。南部沿迎水桥、黑林村、碱碱湖、沙坡头、孟家湾有 35 kV 高压输电线路一条；中部从迎水桥至沙坡头有 10 kV 输电线路一条；沿迎闫公路通往内蒙古左旗通湖硝厂有 10 kV 输电线路一条；迎水桥至高墩湖有 10 kV 输电线路一条；东部从马场湖至红武村有 10 kV 输电线路一条。已建成的沙坡头水利枢纽工程，年发电量可达 6 亿 kW • h，现有电量可满足保护区工作和生活用电的需要。

7.2 生态系统稳定性评估单元与方法

7.2.1 生态系统稳定的时空尺度特征

生态系统稳定性研究涉及生物个体、种群、群落、生态系统、景观/区域、陆地/海洋和全球等不同尺度上的对象，但具有宏观生态学意义的主要包括小尺度生态系统、区域/景观和全球三大层次。小尺度生态系统是生态系统稳定研究的基本尺度，研究主要着眼于生产者、消费者、分解者与非生物环境等生态系统组成要素的动态特征，强调生态系统对外部环境的影响与响应。区域/景观是生态系统稳定研究的核心尺度，研究主要着眼于景观空间格局对生态过程的影响和生态系统结构和功能的动态维持，强调空间邻接关系对相邻生态系统的作用。全球是生态系统稳定研究的目标尺度，研究主要着眼于生物多样性、生物地球化学循环和能量转化效率，强调生态系统服务功能与人类需求的动态平衡。中尺度的区域/景观，作为一个不同生态系统镶嵌而成的地域单元，是全球尺度研究的重要基础，其既能将宏观尺度与微观（生态系统）尺度的稳定问题紧密联系起来，又能使生态系统稳定状态与社会经济影响相互关联，是进行生态系统稳定研究的关键尺度。

7.2.2　生态系统稳定性评价单元确定

区域生态系统稳定评价是对地域空间内多种生态系统组成的空间镶嵌体稳定状态的综合评价，而不是对各类生态系统稳定状态单一评价结果的简单加和，其评价结果不仅能揭示区域整体的稳定状况，而且能以区域内部不同空间单元生态系统稳定状态的空间差异为重要表征。因此，区域生态系统稳定评价应以区域整体或其内部细分的空间单元为基本评价单元，这些评价单元均是不同类型生态系统的空间镶嵌体。对干旱沙漠自然保护区而言，区域生态系统整体评价就是保护区生态系统整体评价，其内部空间评价单元，可进一步分为不同生态系统组成的镶嵌体——景观生态系统单元和小尺度单一特定类型生态系统评价单元。

尽管这些不同空间尺度上的生态系统稳定性评价结果具有密切的内在联系，但尺度的不可推移性决定了大尺度上的生态系统稳定既不能线性还原到小尺度上，也不能将小尺度上的生态系统稳定简单累加。因此，综合研究多尺度下生态系统稳定的相互协调性及其有机整合，以及评价结果的多尺度综合与尺度转换，显得尤为重要，且由小尺度到大尺度转换与综合才能有效探究生态系统稳定性的内在规律。

本研究尝试从三个不同尺度单元开展对宁夏沙坡头自然保护区生态稳定性评估：

（1）基础单元—基本尺度—生态系统丛/植物群落；

（2）中级单元—景观尺度—生态系统纲/景观生态系统；

（3）高级单元—目标尺度—区域/保护区。

第 8 章　宁夏沙坡头自然保护区生态系统丛稳定性评估

8.1　沙坡头保护区生态系统丛的内涵与确定

生态系统丛（Cluster）是“陆地生态系统类型要素分类”中的基本单元。在各个生态系统属内，根据优势种（共优种）、结构、动态（包括季节变化和演替动态）和生境进行划分。即属于同一生态系统丛的生态系统应具有相同的优势种、相同的结构、相同的生态特征、相同的动态特点和相似的生境。生态系统丛的特性与植物群落类似，与植物群系或群丛相对应，因此可以借助植物群落类型和分布来确定生态系统丛的类型及空间分布。

8.2　基于生物多样性的群落稳定性评估

8.2.1　关键植物群落辨识

物种多样性关系到生态系统的服务功能和可持续发展，特别是在荒漠生态系统中，其物种多样性并不十分复杂，也正是这种较低的复杂度才使得每个物种都发挥着不可替代的作用，物种的丧失或群落组成的改变都会对干旱荒漠生态系统造成巨大的影响。关键群落能引起整个群系和生态系统发生根本性的变化，对于生态系统的发展具有举足轻重的作用，它的功能特性制约着生态系统的许多功能属性的发挥，强烈影响着物质流和能量流的流动。

由于干旱荒漠保护区受水因子的限制作用，在物种与环境长期的相互作用、适应下，形成了干旱荒漠独特的种群结构。植被的空间分布极不均匀，一些区域无植被覆盖，完全裸露或植被极度稀疏，而在某些区域植被出现不同程度的集结成丛，呈斑块化分布，生态多样性低，生态稳定性很差。群落的物种组成种类贫乏，层次结构并不十分复杂，垂直结构分层不明显，植被盖度低且多为矮小植物，生产力水平低，物种构成和生物多样性较为匮乏。

国内外有些荒漠化的假说或者模型认为干旱地区草地植被灌丛化是干草原发生退化或荒漠化的显著植被格局变化特征，这是因为原来以草本植物为优势的群落被灌丛群落替代（Schlesinger et al.，1996；Crawford and Gosz，1982；Noy-Meir，1985；Schlesinger et al.，1990；Schlesinger and Pilmanis，1998），增加了草地原生植被土壤资源时空分布的异质性，使土壤—植被系统的生物过程越来越多地集中在灌丛下的“沃岛”范围内，而灌丛之间的土壤由于受到强烈的风蚀和水蚀长期作用逐渐成为裸地或沙地。在保护区内，由于灌木植被无论是抗旱性、抗风沙能力，还是生存竞争力都强于草本植被和乔木植被（李新荣，2005；金钊等，2007），所以人工植被的建设最初就是从建立防风固沙沙障和旱生、超旱生的小灌木开始的。正是由于此类固沙植被的建立，在经过近 50 年的演替之后，使得原本的裸露地面沙地发生了根本性变化，高大的格状流动沙丘被固定，草本植物在灌丛间开始有零星的分布，并逐渐入侵和定植，植被资源的空间分布异质性增强，但优势种仍以灌木为主（李新荣等，2000），增加了植被盖度的同时也丰富了群落的物种多样性（石莎，2004），原本以沙漠景观为主的生态系统演替为较为复杂的自然—人工复合生态系统。保护区内的草本植物已经达到十几种，如狗尾草、虫实、苦荬菜、白山蓟等，但草本植物的优势种依然为小画眉草和雾冰藜。关键植被群落逐渐演替为以灌木植物为优势种的半自然植被群落，促进了生境的改善和恢复（李新荣，2005）。

就群落垂直结构而言，大部分区域植被的群落结构仅能区分灌木、草本两个层片，主要以超旱生、旱生的灌木或半灌木群系为优势种和建群种，例如，位于保护区最西部的狭叶锦鸡儿群系、猫头刺群系等。在生境条件较为良好的保护区“国家环保科普基地”内气象站南面的小叶杨群系可以区分出乔木、灌木、草本三个层片，植被盖度达到30%，但群落上层乔木层仅有小叶杨一种，且仅仅为稀疏分布。有些群落甚至仅有草本层一层，例如，位于保护区“国家环保科普基地”内气象站周围的芦苇群系、基地东北部的油蒿群系。在少数植被发育十分良好，且水分条件较好的地区，有生物结皮层形成，主要由藻类和苔藓类等隐花植物构成。草本层的主要优势物种为小画眉草（*Eragrostis minor* Host.）、芦苇（*Phragmites australis*）、雾冰藜（*Bassia dasyphlla*）、猪毛菜（*Salsola collina* Pall.）；灌木层为驼绒藜（*Ceratoides latens*）、猫头刺（*Oxytropis aciphylla*）、狭叶锦鸡儿（*Caragana stenophylla* Pojark.）、柠条锦鸡儿（*Caragana korshinskii* Kom.）、细枝岩黄芪（*Hedysarum scoparium* Fisch）；乔木层为小叶杨（*Populus simonii* Carr.）、新疆杨（*Populus alba L.* var. *pyramidalis* Bunge）等。荒漠群落水平结构较为简单，往往只有一个由建群种组成的很稀疏的层片，在水分条件较好的区域或有土壤结皮的半固定沙丘上具有较多植物物种镶嵌组成的荒漠群落。例如，位于保护区中部沙坡头景区东部包兰铁路南侧的细枝岩黄芪群系、柠条锦鸡儿群系，仅有两三种植物与之镶嵌。荒漠植物群落中最为普遍的分布样式是呈斑块状分布，这种分布特征主要与种子传播的有效性以及土壤、水资源等空间的异质性有关。

保护区内植被群落结构简单，物种多样性低且分布不均匀，占有主要优势的为矮小的灌木群落，在部分地区有沙枣和小叶杨等乔木群落的分布，对生境的改善作用十分突出，而草本群落也仅仅分布在湿地周围或者水分和土壤条件较好的区域，不具代表性。保护区进行6次科学考察，确定了20个采样点（见图6.3），选择其中6个样点（SP1、SP3、SP5、SP7、SP12、SP17）的植物群落进行重点分析（见表8.1）。

表8.1 保护区植被群落采样点

样地编号	群系名称	标注	地点
SP1	狭叶锦鸡儿	灌木	保护区外西部
SP2	柠条锦鸡儿	灌木	保护区外西部
SP3	猫头刺	灌木	保护区西部
SP4	猫头刺	灌木	长流水
SP5	细枝岩黄芪	灌木	孟家湾站西北部
SP6	沙竹	草本	孟家湾站西北部

样地编号	群系名称	标注	地点
SP7	柠条锦鸡儿	灌木	孟家湾站
SP8	猫头刺	灌木	孟家湾东南西气东输油管线北
SP9	油蒿	灌木	沙坡头景区东北铁路北
SP10	柠条锦鸡儿	灌木	沙坡头景区东部铁路南
SP11	细枝岩黄芪	灌木	沙坡头景区东部铁路南
SP12	沙枣	乔木	沙管所基地西部铁路北
SP13	拂子茅	草本	基地荒草湖南侧
SP14	沙枣	乔木	基地荒草湖南侧
SP15	芦苇	草本	基地气象站周围
SP16	小叶杨	乔木	基地气象站南
SP17	油蒿	灌木	基地东北部
SP18	小叶杨人工林	乔木	荒草湖边
SP19	芦苇	草本	马场湖
SP20	中华六四杨人工林	乔木	美利纸业

SP1 狭叶锦鸡儿群系　中心点经纬度：E104°49′24.6″，N37°26′60.0″，海拔 1 568 m。灌木群系，位于保护区外西部。地势相对平坦，植被生长完全依靠天然降水。地表覆沙为流动状态，有红色砂岩砾石，没有土壤结皮。天然植被，盖度为 35%左右。灌木植物主要有狭叶锦鸡儿、猫头刺、驼绒藜等，草本有猪毛菜、雾冰藜、砂蓝刺头、芨芨草、苦荬菜、白山蓟、狗尾草、百花蒿、紫菀、白草、沙米、狗娃花、沙葱等。

SP3 猫头刺群系　中心点经纬度：E104°49′49.1″，N37°26′22.6″，海拔 1 528 m。灌木群系，位于保护区西部。平缓沙地，植被生长完全依赖天然降水。地表覆沙为流动状态，无结皮。天然植被，盖度为 15%左右。灌木植物有猫头刺、驼绒藜、柠条锦鸡儿，草本植物有猪毛菜、沙米、苦苣菜、狗尾草、砂蓝刺头、老瓜头、小画眉草，白山蓟、百花蒿、苦荬菜、白草等。

SP5 细枝岩黄芪群系　中心点经纬度：E104°55′22.4″，N37°26′55.6″，海拔 1 424 m。灌木群系，位于孟家湾站西北部。缓坡，有轻微起伏的沙丘，植被生长完全依赖天然降水。地表覆沙为半流动状态，有黏土块。人工与天然植被相结合，盖度为 40%左右。灌木植物有细枝岩黄芪、狭叶锦鸡儿、柠条锦鸡儿，草本有栉叶蒿、沙米、猪毛菜、雾冰藜、狗尾草等。

SP7 柠条锦鸡儿群系 中心点经纬度：E104°55′47.5″，N37°26′44.2″，海拔 1 378 m。灌木群系，位于孟家湾站铁路南侧。坡度陡，坡向南。植被生长完全依赖天然降水。地表有 0.5 cm 厚的土壤结皮，下层基质为流沙。人工与天然植被相结合，盖度为 10%左右。灌木植物有柠条锦鸡儿、猫头刺，草本植物有小画眉草、猪毛蒿、狗尾草、地锦草、猪毛菜、栉叶蒿、叉枝鸦葱、细叶鸢尾等。

SP12 沙枣群系 中心点经纬度：E105°03′43.9″，N37°30′19.5″，海拔 1 226 m。乔木群系，位于沙管所基地西部铁路北，科普基地南。地势相对平坦，植被生长完全依靠天然降水，由于处于荒草湖湿地南部边缘，地下水水位较高。地表土壤主要是碱化度较高的白僵土，下层为流沙。除了沙枣为人工种植外，其余均为天然植被，盖度在 20%左右。乔木物种只有沙枣一种，灌木植物有尖叶盐爪爪、白刺，草本植物有芦苇、赖草、角果碱蓬、雾冰藜、碱蓬、碱地风毛菊等。

SP16 小叶杨群系 中心点经纬度：E105°03′06.4″，N37°30′36.5″，海拔 1 244 m。乔木群系，位于科普基地气象站南。平缓沙地，无土壤结皮，植被生长完全依靠天然降水。人工种植的植物为小叶杨，其余均为自然生长植物，盖度在 30%左右。只在小叶杨树下有少量土壤结皮。灌木类型主要有沙枣、油蒿、柠条锦鸡儿、小叶杨，草本植物有苦荬菜、雾冰藜、芦苇、小画眉草、狗尾草、沙米、猪毛菜、虫实等。

8.2.2 生物多样性计算

生物多样性指数包括 Shannon-Wiener 多样性指数（H'）（程瑞梅等，2002；方燕鸿，2005；吴晓，2004）、Simpson 生态优势度指数（D）（马斌等，2008；彭少麟，1987）和 Pielou 均匀度指数（E）（卢宝明等，2010；李昌龙等，2006）。各个指数的计算公式如下：

1．Shannon-Wiener 多样性指数

群落的物种数越多，个体分配越均匀，Shannon-Wiener 指数越高，群落的物种多样性越好。表达式为

$$H' = -\sum_{i=1}^{S} P_i \ln P_i$$

式中：P_i —— 物种 i 的重要值；

S—— 物种数。

其中，$P_i=N_i/N$

N_i—— 物种 i 的个数；

N—— 群落中所有物种的个体数总和。

2．Simpson 生态优势度指数

生态优势度表征了群落中每个物种的重要性程度，反映了种群的优势状况。生态优势度指数的值越高，说明群落的优势种越少；反之，指数的值越低，说明群落的优势种为多个物种（彭少麟，1987）。表达式为

$$D = 1 - \sum P_i^2$$

式中：P_i—— 物种 i 的重要值。

3．Pielou 均匀度指数

用于估算群落中物种分布的均匀度，指数的值越高，越均匀。表达式为

$$E = H' / \ln S$$

式中：H'—— Shannon-Wiener 多样性指数；

S—— 物种数。

8.2.3　关键群落稳定性

保护区地处我国北方干旱、半干旱地区的荒漠半荒漠生态环境，其环境的严酷性使生长的植物种类稀少，而且多呈斑块状分布。对保护区内各群系多年的观察数据显示该区域植被盖度已显著增加，物种多样性提高。以猫头刺群系为例，植被盖度在 2012 年仅为 0.15，但在 2014 年植被盖度已经上升到 0.27，有显著提高，特别是以小画眉草、猪毛菜等为主的草本植物的发育，种类和盖度都有明显的增加，猫头刺的冠幅和高度也明显增加。

在统计的 6 个群落中，大部分群落内的建群种或者优势种均只有一两种，不同群落间物种组成差异性并不是很大，特别是草本植物的分布，几乎在所有的群落中都有生长，仅存在灌木物种的区别。其中以狭叶锦鸡儿群系的物种数最多，有 15 种，样地内的平均物种数为 7.8，只有狭叶锦鸡儿群系、小叶杨群系的物种数均大于平均物种数（见表 8.2）。

表 8.2 保护区不同植被群落物种组成及数量

	样方面积	物种	关键植被群落/株					
			SP1	SP3	SP5	SP7	SP12	SP16
乔木层	10 m×10 m	小叶杨 *Populus simonii*	—	—	—	—	—	3
	10 m×10 m	沙枣 *Elaeagnus angustifolia* L.	—	—	—	—	1	—
灌木层	10 m×10 m	狭叶锦鸡儿 *Caragana stenophylla* Pojark.	9	—	—	—	—	—
	10 m×10 m	驼绒藜 *Ceratoides latens*	44	—	—	—	—	—
	10 m×10 m	猫头刺 *Oxytropis aciphylla*	67	49	—	2	—	—
	10 m×10 m	柠条锦鸡儿 *Caragana korshinskii* Kom.	—	6	4	1	—	—
	10 m×10 m	细枝岩黄芪 *Hedysarum scoparium* Fisch.	—	—	3	—	—	2
草本层	10 m×10 m	芨芨草 *Achnatherum splendens*	1	—	—	—	—	—
	10 m×10 m	沙葱 *Allium mongolicum* Regel	21	—	—	—	—	—
	10 m×10 m	紫菀 *Aster tataricus*	4	—	—	—	—	—
	10 m×10 m	苦荬菜 S. *oleraceus* L.	19	100	—	—	100	—
	10 m×10 m	白山蓟 *Olgaea leucophylla*	17	—	—	—	—	—
	10 m×10 m	猪毛蒿 *Artemisia scoparia* Waldst.	2	—	—	6400	—	—
	10 m×10 m	天门冬 *Asparagus cochinchinensis*	1	—	—	—	—	—
	10 m×10 m	地梢瓜 *Cynanchum thesioides*	1	—	—	—	—	—
	10 m×10 m	耆叶亚菊	3	—	—	—	—	—
	10 m×10 m	针茅 *Stipa glareosa* P.Smirn	1	—	—	—	—	—
	1 m×1 m	猪毛菜 *Salsola collina* Pall.	11	9	0.11	—	—	25
	1 m×1 m	白草 *Pennisetum centrasiaticum*	30	—	—	—	—	—
	10 m×10 m	老瓜头 *Cynanchum komarovii*	—	1	—	—	—	—
	10 m×10 m	叉枝鸦葱 *Scorzonera divaricata* Turcz.	—	12	—	36	—	—
	10 m×10 m	栉叶蒿 *Neopallasia pectinata*	—	—	148	—	—	—
	1 m×1 m	雾冰藜 *Bassia dasyphylla*	—	—	1	—	2	20
	1 m×1 m	沙米 *Agriophyllum squarrosum*	—	—	50	—	—	—

	样方面积	物种	关键植被群落/株					
			SP1	SP3	SP5	SP7	SP12	SP16
草本层	10 m×10 m	细叶鸢尾 *Iris tenuifolin* Pall.	—	—	—	1	—	—
	1 m×1 m	狗尾草 *Setaria viridis*	—	—	—	0.02	—	—
	1 m×1 m	芦苇 *Phragmites australis*	—	—	—	—	3	90
	1 m×1 m	角果碱蓬 *Suaeda corniculata* Bunge	—	—	—	—	14	—
	1 m×1 m	碱地风毛菊 S. *runcinata* DC.	—	—	—	—	2	—
	1 m×1 m	沙蒿 *Artemisia arenaria* DC.	—	—	—	—	—	9
	1 m×1 m	虎尾草 *Chloris virgata* Swartz.	—	—	—	—	—	1
	1 m×1 m	小画眉草 *Eragrostis minor* Host.	—	—	—	—	—	1
合计	10 m×10 m	—	4 290	1 608	5 266	6 442	2 201	14 605

不同群落类型的物种多样性存在很大差异，群落的物种多样性计算结果表明（见表 8.3）：SP12 沙枣群系的多样性指数（H'）最高，SP16 小叶杨群系次之，处于中间水平的是 SP1 狭叶锦鸡儿群系、SP3 猫头刺群系、SP5 细枝岩黄芪群系，多样性指数最低的是 SP7 柠条锦鸡儿群系。总体而言，保护区内荒漠植被的物种多样性指数较低，指数值均在 0～1.5 之间。Simpson 生态优势度指数（D）所反映的趋势与 Shannon-Wiener 多样性指数（H'）基本保持一致，二者差异性不大，也进一步说明了在干旱环境下生长的植物群落的物种多样性差异很小。

表 8.3　关键群落的物种多样性分析

样地编号	H'	D	E
SP1	0.819	0.445	0.302
SP3	0.593	0.279	0.331
SP5	0.247	0.097	0.139
SP7	0.043	0.013	0.024
SP12	1.139	0.558	0.636
SP16	1.116	0.568	0.537

在灌木群落中，SP1 狭叶锦鸡儿群系和 SP3 猫头刺群系的物种多样性指数较高，其中 SP1 狭叶锦鸡儿群系的物种数目和物种的个体数总和均高于 SP3 猫头刺群系，因此 SP1 狭叶锦鸡儿群系的生物多样性更好一些，但 Pielou 均匀度指数（E）SP3 猫头刺群系更高，也就意味着 SP3 猫头刺群系的物种分布均匀度更高。就生态优势度而言，SP3 猫头刺群系的比较低，群落中亚优势种的作用要高于 SP1 狭叶锦鸡儿群系，SP3 猫头刺群系的亚优势种为柠条锦鸡儿，SP1 狭叶锦鸡儿群系的亚优势种为驼绒藜，柠条锦鸡儿的亚优势种的地位明显高于驼绒藜，两个群落都是稳定的，但 SP3 猫头刺群系群落的稳定性较好。

SP5 细枝岩黄芪群系的 Shannon-Wiener 指数和 Pielou 均匀度指数不是很高，但相对于 Simpson 生态优势度指数较高，可知该群落中物种多样性低且分布不均匀，生态优势度很低，优势种单一，群落趋于不稳定状态。SP7 柠条锦鸡儿群系物种组成单一且分布最不均匀，物种多样性指数和生态优势度最低，柠条作为优势种的地位和作用并不是十分突出，群落结构的发展趋势趋于物种单一且没有优势种的群落，群落极其不稳定，有明显的退化迹象，主要原因在于该群落所处地形为陡峭的迎风坡的上部，土壤的保水能力弱，且风蚀作用强烈。

SP12 沙枣群系和 SP16 小叶杨群系，两者均为乔木群落，两个群落的 Shannon-Wiener 指数（H'）和 Pielou 均匀度指数（E）最高，但生态优势度也较高，说明群落中沙枣和小叶杨占据绝对主导地位。二者相比，SP12 沙枣群系的多样性指数（H'）更高，但其 Simpson 生态优势度指数（D）略小于 SP16 小叶杨群系，这说明 SP16 小叶杨群系中作为优势种的小叶杨的地位更加突出。SP12 沙枣群系的物种种类要小于 SP16 小叶杨群系，种群个体总数目也远小于 SP16 小叶杨群系，但 SP12 沙枣群系 Pielou 均匀度指数（E）要高一些，SP12 沙枣群系的均匀度要高于 SP16 小叶杨群系。在两个群落中，作为生态优势种的沙枣和小叶杨虽然数目稀少，但在整个种群中具有不可替代的地位和作用，它决定了整个群落的结构和生境。但这样的群落往往不稳定性，因为优势种一旦遭到破坏，在缺少冗余物种的协助下，整个群落也会随之崩溃。

总体来看，对关键群落物种多样性的研究表明在保护区内群落结构简单，物种多样性低且分布极其不均匀，高大的乔木群落和灌木群落十分稀少，不具有决定性作用，占有绝对优势的为矮小的灌木群落，且优势种的地位和作用远高于群落中的亚优势种，优势种的稳定性较高。乔木群落中乔木层的地位和作用十分突出，但由于数目的限制，也极易产生不稳定因素。草本层在物种数目上虽然高于灌木层，但更容易受降水和季节的变化影响，稳定性较低。由于荒漠生态系统本身的物种多样性并不十分复杂，使得灌木层的生态学地位极其显著，发挥着不可替代的作用，群落的稳定性和生态功能也主要由灌木层中的优势种决定，物种的丧失或群落组成的改变都会对干旱荒漠生态系统造成巨大的影响。

8.3　基于隶属度值的生态系统丛稳定性评估

8.3.1　生态系统丛确定

根据生态系统丛划分依据，结合沙坡头自然保护区面上考察、群落样地调查，可确定 2014 年生态系统丛的空间分布（见图 8.1）及各类丛面积（见表 8.4）。

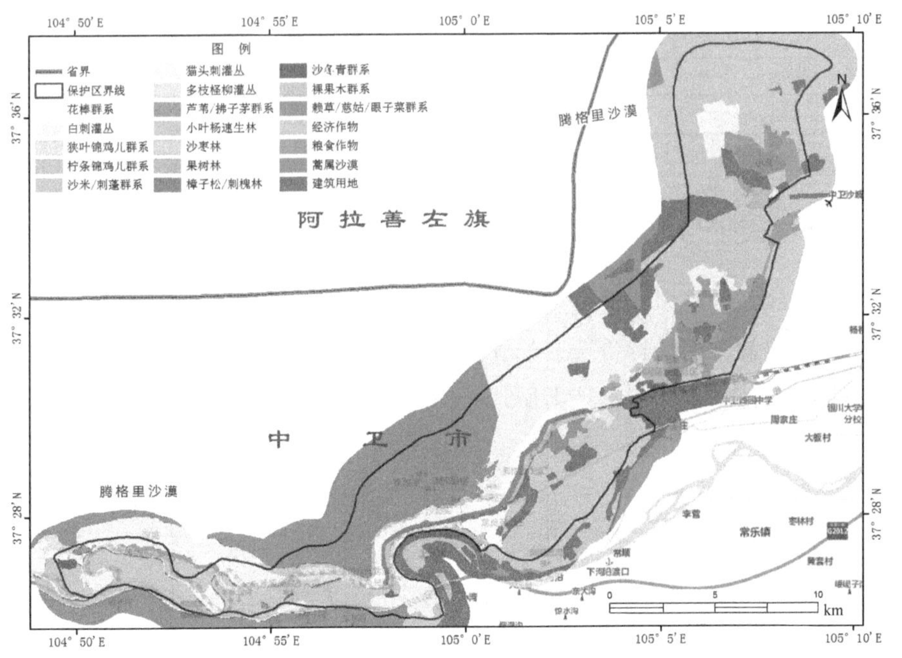

图 8.1　2014 年沙坡头保护区生态系统丛空间分布

表 8.4 各类生态系统丛面积统计

名称	面积/km^2	比例/%
蒿属沙漠	19.20	13.70
经济作物	14.60	10.42
粮食作物	1.43	1.02
小叶杨速生林	28.76	20.53
沙枣林	0.14	0.10
果树林	1.19	0.85
樟子松/刺槐林	2.06	1.47
花棒群系	5.39	3.84
白刺灌丛	22.06	15.74
猫头刺灌丛	6.84	4.88
多枝柽柳灌丛	0.65	0.46
狭叶锦鸡儿群系	1.10	0.79
柠条锦鸡儿群系	14.34	10.23
沙米/刺蓬群系	1.37	0.97
芦苇/拂子茅群系	5.88	4.199
沙冬青群系	0.27	0.19
裸果木群系	0.13	0.09
赖草/慈姑/眼子菜群系	4.75	3.39
其他	9.99	7.13

8.3.2 评估因子与方法

生态系统丛的稳定很大程度上取决于生境条件、群落结构与群落功能（能量流动）的稳定性，因此评价选取的评价因子包括土壤肥力（土壤养分含量）与土壤含水量、群落结构（群落地上层片结构、群落水平数量结构）及群落功能（净初级生产力）。

借鉴郭其强（2009）的方法，应用模糊数学中隶属函数的方法对生态系统丛稳定性进行综合评价，采用公式：

$$U(X_{ijk}) = (X_{ijk}-X_{k\min})(X_{k\max}-X_{k\min})$$

式中：$U(X_{ijk})$ —— 第 i 群落类型第 j 个组织层次第 k 项指标的隶属度，且 $U(X_{ijk}) \in [0\ 1]$；

X_{ijk}——第 i 群落类型第 j 个组织层次第 k 个指标测定值；

$X_{k\max}$ 和 $X_{k\min}$——分别为所有参试森林群落中第 k 项指标的最大值和最小值。

用每一生态系统丛类型各项指标隶属度的平均值作为评其稳定性大小的依据。

模糊综合评判要求每个参与评判指标的权重都是相等的，因此本研究采用标准化处理方法，对每个指标中各因子的每个数据进行匀滑处理，以便能够更直观地进行评价。方法是将各生态系统丛参与模糊综合评判的同种指标因子的数据进行排列分析，选择参数最大值作为分母将每一个具体值作为分子，将此比值乘以 1 000 就得到标准化后参数。用每一生态系统丛类型各项指标的标准化值作为群落稳定性综合评判的标准，进行稳定性等级评价。

8.3.3　评估结果

对 5 个因子的参数进行标准化处理，综合统计各因子参数标准化的平均值，用其平均值计算隶属函数值，作为生态系统丛稳定性综合评判标准，依次进行比较（见图 8.2、表 8.5）。

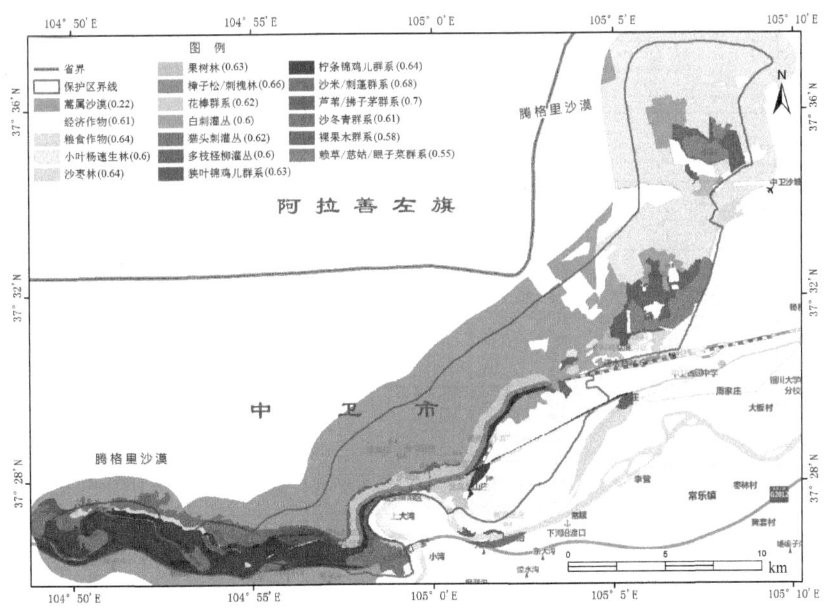

图 8.2　2014 年沙坡头保护区生态系统丛稳定性空间差异

表 8.5 沙坡头保护区生态系统丛稳定性评价隶属度函数值

	蒿属沙漠	经济作物	粮食作物	小叶杨速生林	沙枣林	果树林	樟子松/刺槐林	花棒群系	白刺灌丛	猫头刺灌丛	多枝柽柳灌丛	狭叶锦鸡儿群系	柠条锦鸡儿群系	沙米/刺蓬群系	芦苇/拂子茅群系	沙冬青群系	裸果木群系	赖草/慈姑/眼子菜群系
土壤养分含量/%	0.21	0.47	1.01	0.45	0.46	0.45	0.47	0.49	0.53	0.54	0.53	0.53	0.83	0.44	0.43	0.48	0.49	0.44
土壤含水量/%	0.62	9.89	10.98	10.98	10.56	10.55	10.72	9.57	9.53	9.23	9.87	9.91	10.21	20.35	23.87	5.32	9.36	26.97
沙生植物覆盖度/%	15	65	72	55	43	52	40	41	40	39	29	33	36	59	68	44	51	17
群落地上层片结构/层	1	2	2	3	3	3	4	3	3	3	3	3	3	3	2	3	3	2
群落净初级生产力（以碳计）/（g/m^2）	110	257.2	263.7	213	201.9	189	186.2	196.3	182.3	179.5	184.7	192.3	188.4	174.3	237.4	201.6	187.2	153.1
隶属函数值	0.22	0.61	0.64	0.6	0.64	0.63	0.66	0.62	0.6	0.62	0.6	0.63	0.64	0.68	0.7	0.61	0.58	0.55

沙坡头自然保护区是典型的自然生态系统和人工生态系统的复合体，经过长期的维护、建设与调整，沙坡头保护区诸生态系统丛的稳定性得到一定的巩固，除蒿属沙漠由于植物覆盖度极低、风蚀严重，稳定性最差外，其余生态系统丛稳定性相对指数均在 0.5 以上，呈现普遍的稳定态，其中分布于保护区东北部几个常年积水湖泊周围的芦苇/拂子茅群系稳定性最强。分布于孟家湾南部的裸果木群系由于规模较小，且靠近山丘断崖附近，生境条件较差，自我维持能力不强，其稳定性也不高。保护区东北部大面积的小叶杨速生林由纯沙漠区造林而来，大强度多方式的人为干预，其稳定性也得以维持，但总体生产能力在下降。

第9章　宁夏沙坡头自然保护区景观生态系统稳定性评估

9.1　景观生态系统界定与类型划分

9.1.1　景观生态系统界定

景观生态系统对应“陆地生态系统类型要素分类”中生态系统纲（Class），为生态系统的高级单位，即在陆地生态系统型内，建群种生活型相近、群落外貌形态相似及水分条件相当的生态系统。由此可将陆地的景观生态系统分为森林生态系统、灌丛生态系统、草地生态系统、荒漠生态系统和湿地生态系统；对人工生态系统，按照人类对土地利用方式的差异，将陆地上人为影响的景观生态系统分为农田生态系统和城市生态系统。

9.1.2　景观生态系统类型划分

基于保护区实际，根据《中国生态系统评估与生态安全数据库》中“陆地生态系统分类体系”，并结合中华人民共和国林业行业标准《自然保护区土地覆被类型划分》（2008），可将沙坡头自然保护区景观生态系统分为荒漠灌丛、荒漠草原/草甸、人工林、湖沼湿地、农田、沙漠裸地6种类型（见表9.1）。

表 9.1　景观生态系统类型划分依据

景观生态系统	划分依据
人工林	通过人工播种的方法种植和培育而形成的森林
荒漠灌丛	天然或人工种植的耐旱中生常绿针叶灌木构成的灌丛
荒漠草原/草甸	主要由多年生中生草本植物组成的群落类型
农田	农田，人工种植的各种蔬菜、粮食作物等
沙漠裸地	表层为沙覆盖，基本无植被的土地，包括流动沙地（＜10%）、半固定沙地（10%～29%）、固定沙地（≥30%），不包括水系中的沙滩
湖沼湿地	陆地水域，包括河流、湖泊、水库、坑塘、沟渠等
其他	主要指交通用地和其他建设用地，包括工业、民用建筑用地、旅游设施用地等

9.2　景观生态系统解译

9.2.1　解译标志的建立

解译标志是遥感分类的依据，建立适用于干旱半干旱地区不同土地覆盖类型的遥感解译标志，统一辨别标准，可以提高解译的精度。首先需要明确地物的光谱特征、空间特征、极化特征和时间特性，其次还需要了解影响要素的大小、形状、空间关系与纹理属性等。根据研究区内不同生态景观特征，结合影像多种要素信息，逐一建立起各种土地覆盖类型影像与其相对应的地面地物之间的关联特征和关系。在此基础上，对遥感图像进行全面系统的分析、推断，准确识别出所有的地物类型，具体建议标志见表 9.2。

表 9.2　Landsat TM/ETM+影像遥感解译标志

地物类型	形状（纹理）	解译标志	影像图式
人工林	主要是人工林，有明显的几何特征，色泽鲜艳，纹理细腻	主要呈块状或片状分布，纹理界限明显，颜色鲜艳，亮红色或深红色	
荒漠灌丛	遥感影像纹理粗糙，呈不均匀的细颗粒结构	颜色较为均一，根据影像时间不同，呈现青绿色或暗红棕色	
荒漠草原/草甸	影像上表现为不规则斑块，大小不一，界限不明显，结构细腻均一，局部粗糙	大片均匀的色调，片状分布，纹理比较细，且较为光滑，色泽较亮	
农田	几何特征规则，纹理细腻，多呈块状、条带状分布	比较规则的四边形、多边形，颜色均一鲜红或浅粉色	
沙漠裸地	主要是沙地，影像界线清晰，具有格状和波状纹理	呈灰白色或者亮白色，色调均匀	
湖沼湿地	几何特征明显，边界清晰，自然弯曲或局部平直，人为痕迹明显	颜色为黑色或浅蓝色，色调均匀	
其他	特征显著，有明显的人为痕迹，界限明显，多为条状或块状，纹理清晰	道路呈条带状分布，深灰色；建筑用地呈块状分布，白色	

9.2.2　分类精度验证

为了提高分类精度，了解地表真实信息，提高遥感影像解译精度，解译结果需要通过野外验证核查和精度验证，对定性评价结果进行定量分析（冉有华等，2003），保证分类结果的准确性。研究小组分别于 2012 年 10 月、2013 年 4 月、2013 年 8 月、2014 年 7 月、2014 年 10 月，2015 年 4 月共 6 次进入保护区内进行无目的随机调查和有目的定点调查，并以 2008 年沙坡头自然保护区科学考察报告中的功能区划图、植被分类图、土地利用现状图、土壤类型图作为参考，再与 Goole

Earth 的高分辨率影像数据进行核对。采用混淆矩阵 Kappa 系数、总体分类精度、生产精度、用户精度 4 个指标分别对 1990 年、2001 年、2007 年及 2011 年、2014 年的影像的分类结果进行精度验证。如果分类结果不太理想，可修改所选样本分类，得到更精确的分类结果，再次执行分类操作；如果分类结果的可分离性强，则直接输出分类图像，得到研究区变化图。验证结果显示分类质量较好（见表 9.3），满足精度要求。

表 9.3　1990—2014 年影像分类精度统计

土地覆盖类型		人工林	灌丛	草甸	栽培作物	沙地	水域	其他土地
1992 年	生产精度/%	86.79	100.00	90.91	100.00	89.61	93.66	90.14
	用户精度/%	88.46	88.26	100.00	100.00	100.00	100.00	96.24
	总体精度=94.383 6%　Kappa 系数=0.931 4							
2000 年	生产精度/%	99.59	95.35	83.33	98.55	96.55	89.71	100.00
	用户精度/%	93.13	99.19	90.91	100.00	98.82	100.00	97.78
	总体精度=96.460 2%　Kappa 系数=0.954 8							
2005 年	生产精度/%	100.00	87.27	82.61	98.77	96.05	92.59	96.20
	用户精度/%	85.58	100.00	100.00	100.00	98.27	99.01	98.70
	总体精度=94.572 0%　Kappa 系数=0.933 1							
2010 年	生产精度/%	100.00	96.05	84.26	98.21	87.67	85.06	94.44
	用户精度/%	83.60	98.84	100.00	100.00	81.01	100.00	94.44
	总体精度=93.342 2%　Kappa 系数=0.919 8							
2014 年	生产精度/%	100.00	96.65	89.34	98.91	90.34	89.78	96.24
	用户精度/%	86.08	98.98	100.00	100.00	87.32	99.21	97.22
	总体精度=94.234 1%　Kappa 系数=0.927 7							

9.3　景观生态系统稳定性评估结果

景观生态系统总体稳定性的基本判断思路是：随时间推移，变化越频繁，越破碎化，稳定性越差；变动幅度越大，变化面积占比越大，景观生态系统稳定性越差。

9.3.1 1973—2014 年景观生态系统结构变化

对 1973 年、1992 年、2000 年、2005 年、2010 年、2014 年六期数据统计分析（见图 9.1），可知：尽管 40 年沙坡头保护区景观生态系统一直处于变化中，但是沙漠裸地生态系统、荒漠灌丛生态系统、荒漠草原/草甸生态系统和湖泊湿地生态系统合计占比一直保持在 70%以上，且单类占比最大的是沙漠裸地生态系统。林地面积增加的主要贡献来自人工林生态系统发展。1973—2014 年，合并人工林生态系统、农田生态系统以及其他（建筑交通用地）总面积呈迅速增加趋势，由此看出人类活动整体趋强。

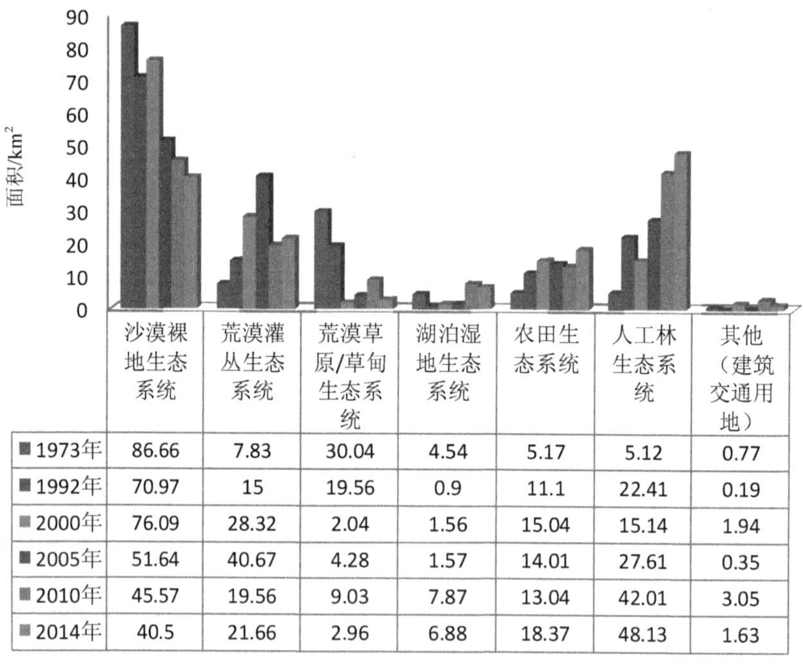

	沙漠裸地生态系统	荒漠灌丛生态系统	荒漠草原/草甸生态系统	湖泊湿地生态系统	农田生态系统	人工林生态系统	其他（建筑交通用地）
1973年	86.66	7.83	30.04	4.54	5.17	5.12	0.77
1992年	70.97	15	19.56	0.9	11.1	22.41	0.19
2000年	76.09	28.32	2.04	1.56	15.04	15.14	1.94
2005年	51.64	40.67	4.28	1.57	14.01	27.61	0.35
2010年	45.57	19.56	9.03	7.87	13.04	42.01	3.05
2014年	40.5	21.66	2.96	6.88	18.37	48.13	1.63

图 9.1 1973—2014 年沙坡头景观生态系统构成变化

空间上：五个年份（1973 年、1992 年、2000 年、2005 年、2010 年、2014 年）景观生态系统类型结构均存在一定差异（见图 9.2），但同一类型景观生态系统具相对聚集性，具体来说，沙漠裸地生态系统主要分布在沙坡头自然保护区的边缘地带，特别是保护区北侧一线；荒漠草原/草甸生态系统主要分布于道路交通用地两旁及东北部湖泊水体周围；荒漠灌丛生态系统和湖泊湿地生态系统主要集中在保护区北部；农田生态系统分布在靠近中卫主城区的居民点附近；人工林生态系统多分布在铁路沿线和由保护区东北部推沙造林而来。

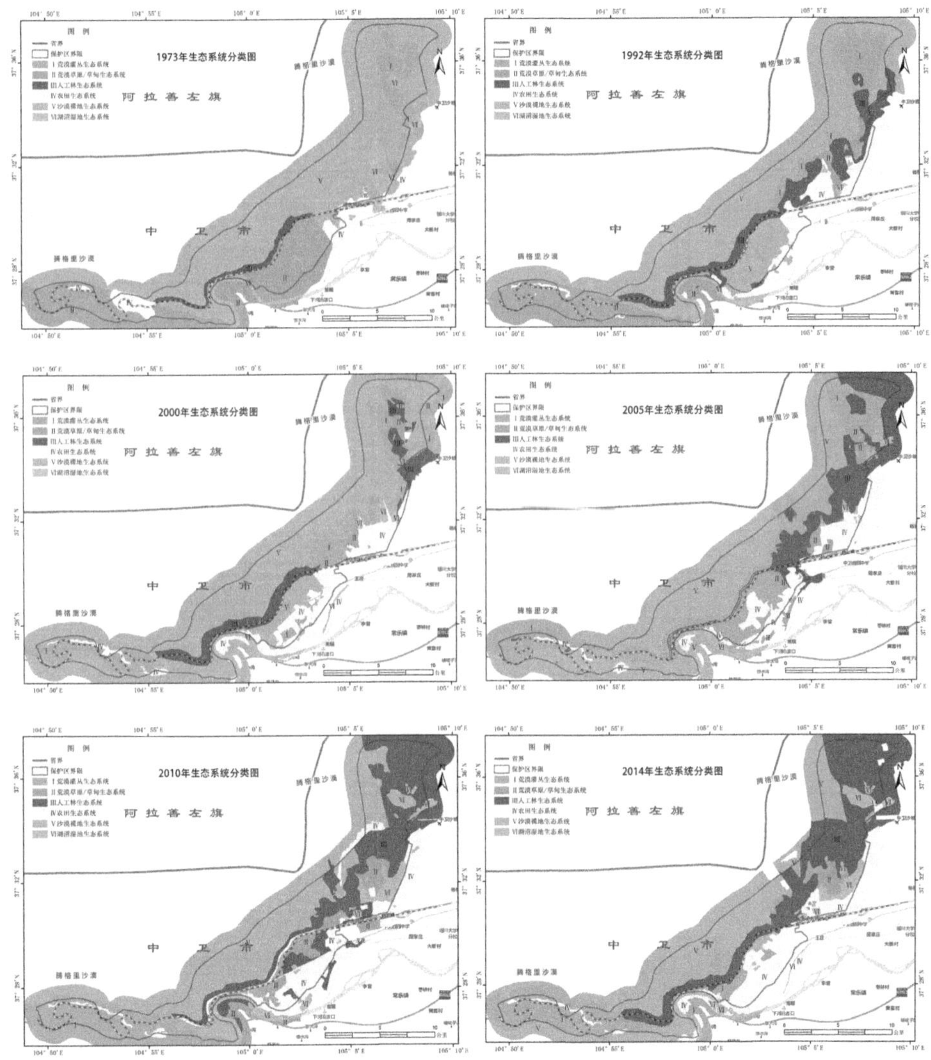

图 9.2　1973—2014 年五期景观生态系统分布

9.3.2 不同期间景观生态系统类型演变

1．1973—1992 年

根据转移矩阵（见表 9.4）可知：稳定区面积较大，面积为 82.07 km^2，占保护区总面积的 58.57%；稳定区内沙漠裸地生态系统的面积为 57.18 km^2，占稳定区面积的 69.67%，其次为荒漠草原/草甸生态系统，面积为 12.58 km^2，占稳定区面积的 15.33%。

表 9.4 1973—1992 年景观生态系统类型转移矩阵

	人工林生态系统	农田生态系统	沙漠裸地生态系统	湖沼湿地生态系统	荒漠灌丛生态系统	荒漠草原/草甸生态系统	其他（建筑交通用地）
人工林生态系统	5.05	0.06					
农田生态系统		1.39	0.17	0.03		3.57	0.01
沙漠裸地生态系统	11.05	5.46	57.18	0.52	9.16	3.11	0.19
湖沼湿地生态系统	2.61	1.16	0.10	0.35	0.05	0.28	
荒漠灌丛生态系统	1.81	0.14	0.37		5.52		
荒漠草原/草甸生态系统	1.86	2.22	13.10	0.00	0.27	12.58	
其他（建筑交通用地）	0.04	0.72				0.01	

不同景观生态系统类型之间转移特征：主要表现为沙漠裸地生态系统与荒漠灌丛生态系统、人工林生态系统之间的相互转化。其中荒漠草原/草甸生态系统向沙漠裸地生态系统转化面积为 13.10 km^2，占动态区总面积的 22.56%，而沙漠裸地生态系统向荒漠草原/草甸生态系统的转变面积为 9.16 km^2，占 15.78%，综合起来荒漠草原/草甸生态系统总体上是退化的、不稳定的。此外，沙漠裸地生态系统向人工林生态系统转变，面积为 11.05 km^2，占 19.03%。

空间上：沙漠裸地生态系统的转变在整个保护区普遍存在，但集中于建设用地以及湖泊湿地生态系统附近，而荒漠草甸生态系统的转变区域多位于湖泊周围，说明水热差异对生态系统类型的转变有着重要的影响（见图 9.3）。

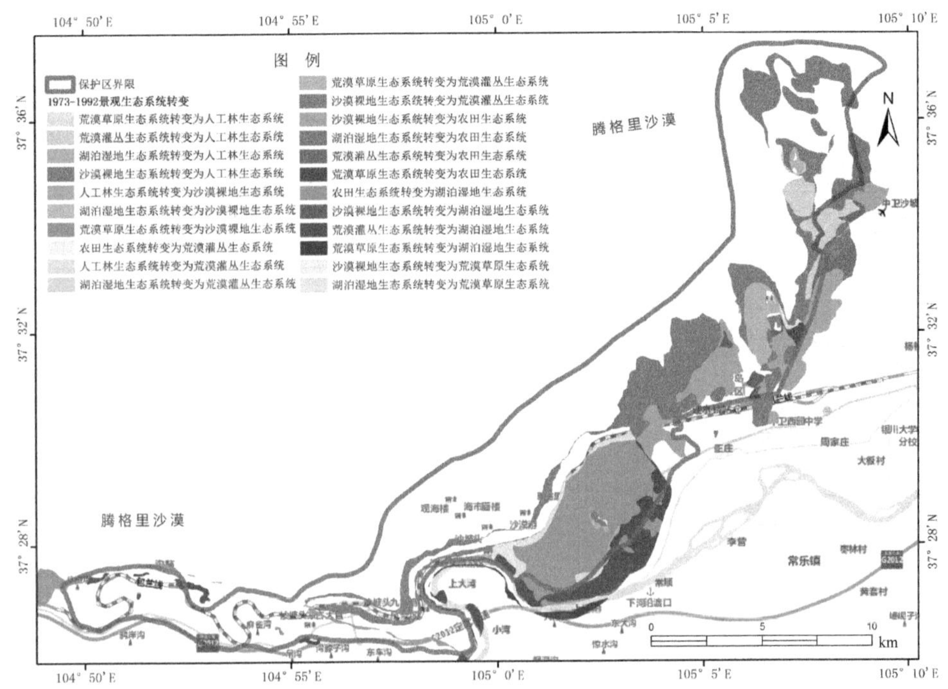

图 9.3　1973—1992 年景观生态系统类型演变

2．1992—2000 年

表 9.5 说明此期间保护区稳定区面积依然较大，为 88.07 km^2，占保护区总面积的 62.85%。稳定区内包括沙漠裸地生态系统，面积为 62.06 km^2，占比 70.47%；人工林生态系统，面积为 1.10 km^2，占比 12.60%。

最大转变为荒漠草原/草甸生态系统向荒漠灌丛生态系统转变，其面积为 10.16 km^2，占动态区面积的 19.52%，其次人工林生态系统向荒漠灌丛生态系统转变，面积为 8.01 km^2，占比 15.39%，再次荒漠草原/草甸生态系统向沙漠裸地生态系统转化，面积为 7.63 km^2，占比 14.66%，最小为荒漠灌丛生态系统向沙漠裸地生态系统转化，面积为 5.15 km^2，占比 9.89%。

表 9.5 1992—2000 年景观生态系统类型转移矩阵

	人工林生态系统	农田生态系统	沙漠裸地生态系统	湖沼湿地生态系统	荒漠灌丛生态系统	荒漠草原/草甸生态系统	其他（建筑交通用地）
人工林生态系统	11.10	1.47	1.18	0.58	8.01	0.07	0.01
农田生态系统	0.20	8.11	0.07	0.48	0.69	1.08	0.48
沙漠裸地生态系统	1.89	2.87	62.06		3.00		1.14
湖沼湿地生态系统	0.04	0.53	0.01	0.32	0.00		
荒漠灌丛生态系统	1.92	0.34	5.15	0.06	6.45	0.89	0.20
荒漠草原/草甸生态系统		1.57	7.63	0.12	10.16		0.08
其他（建筑交通用地）		0.16					0.03

空间上（见图 9.4）：稳定区范围较大，动态区较小，各种生态类型转变区零星分布于保护区，荒漠草原/草甸生态系统转变区在动态区占据主导位置，属最不稳定景观生态系统类型。

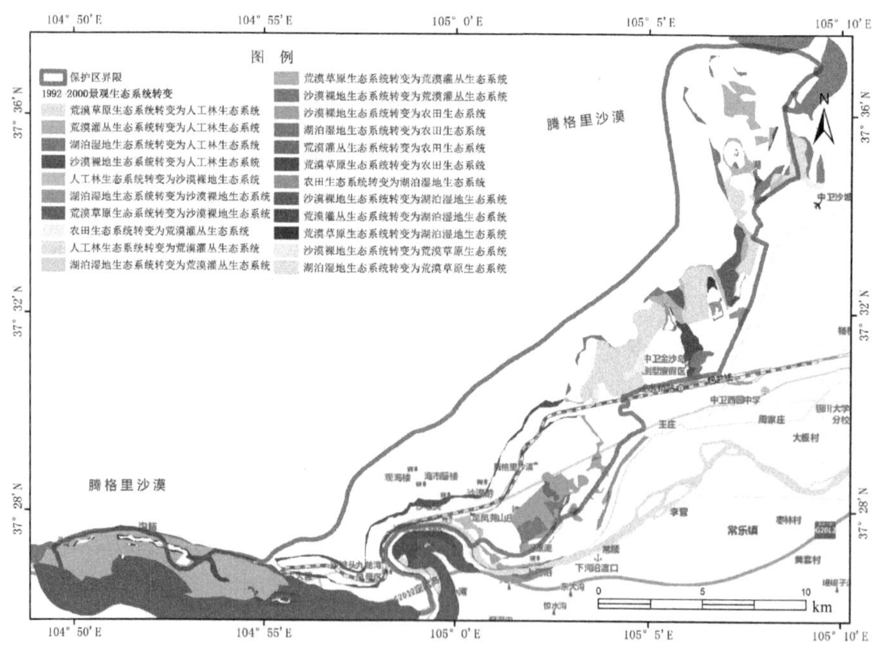

图 9.4 1992—2000 年景观生态系统类型演变

3．2000—2005 年

分析表 9.6 可知：稳定区面积一定程度上较以往有所减少，为 73.00 km^2，占保护区面积的 52.09%。稳定区内沙漠裸地生态系统的面积为 45.57 km^2，占稳定区面积的 62.42%，其次为农田生态系统，其面积为 11.09 km^2，占稳定区面积的 15.19%。

表 9.6　2000—2005 年景观生态系统类型转移矩阵

	人工林生态系统	农田生态系统	沙漠裸地生态系统	湖沼湿地生态系统	荒漠灌丛生态系统	荒漠草原/草甸生态系统	其他（建筑交通用地）
人工林生态系统	3.44	0.43	0.81	0.10	8.98	1.39	
农田生态系统	1.28	11.39	0.19	0.20	0.86	0.96	0.15
沙漠裸地生态系统	10.73	1.38	45.57	0.15	18.00	0.27	
湖沼湿地生态系统	0.24	0.40		0.75		0.17	
荒漠灌丛生态系统	11.09	0.21	5.05	0.37	10.99	0.55	0.06
荒漠草原/草甸生态系统	0.61	0.00			0.70	0.72	
其他（建筑交通用地）	0.22	0.20	0.02	0.00	1.15	0.22	0.14

该期间生态系统类型转化内容丰富，动态区面积为 67.13 km^2，占保护区面积的 47.91%。转化面积最大的为沙漠裸地生态系统向荒漠灌丛生态系统转化，面积为 18.00 km^2，占动态区面积的 26.81%；其次为荒漠灌丛生态系统向人工林生态系统转化，面积为 11.09 km^2，占比 16.52%；再次为人工林生态系统向荒漠灌丛生态系统转化，面积为 8.98 km^2，占比 13.38%。

空间上（见图 9.5）：景观生态系统动态变化区主要集中于保护区东部及北部地区，沙漠裸地生态系统转变区和荒漠灌丛生态系统、人工林生态系统转变区镶嵌分布，湖泊湿地生态系统、农田生态系统以及荒漠草原/草甸生态系统零星分布于动态区之间。

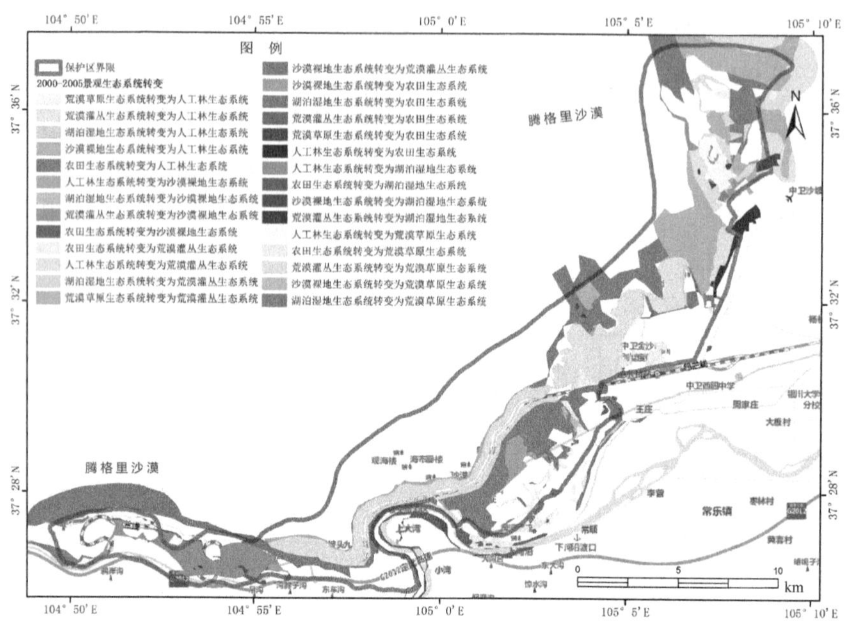

图 9.5 2000—2005 年景观生态系统类型演变

4．2005—2010 年

分析表 9.7 可知：稳定区面积 77.40 km^2，占保护区面积的 55.24%。稳定区内沙漠裸地生态系统的面积 38.29 km^2，占稳定区面积的 49.47%，其次为人工林生态系统，面积为 20.17 km^2，占比 26.06%。

表 9.7 2005—2010 年景观生态系统类型转移矩阵

	人工林生态系统	农田生态系统	沙漠裸地生态系统	湖沼湿地生态系统	荒漠灌丛生态系统	荒漠草原/草甸生态系统	其他（建筑交通用地）
人工林生态系统	20.17	0.32	0.68	0.98	0.34	3.88	1.25
农田生态系统	1.04	8.32	0.01	3.92	0.17	0.39	0.16
沙漠裸地生态系统	2.26	1.04	38.29	0.19	9.80	0.06	
湖沼湿地生态系统	0.19	0.08	0.00	1.19	0.06	0.05	
荒漠灌丛生态系统	15.18	3.17	6.59	0.52	9.19	4.64	1.39
荒漠草原/草甸生态系统	3.15	0.07		1.04			0.02
其他（建筑交通用地）	0.03	0.03		0.04		0.01	0.24

该期间生态系统类型的转化面积有所减少，最大转变为荒漠灌丛生态系统向人工林生态系统转变，面积为 15.18 km^2，占动态区面积的 24.20%，其次为荒漠灌丛生态系统向沙漠裸地生态系统转化，面积为 6.59 km^2，占比 10.51%，再次为荒漠灌丛生态系统向荒漠草原/草甸生态系统转化，面积为 4.64 km^2，占动态区面积的 7.40%。

空间上（见图 9.6）：动态变化区主要集中于保护区东部及北部地区，沙漠裸地生态系统转变区和荒漠灌丛生态系统转变区镶嵌分布，其他生态系统转变区零星分布于动态区之间。

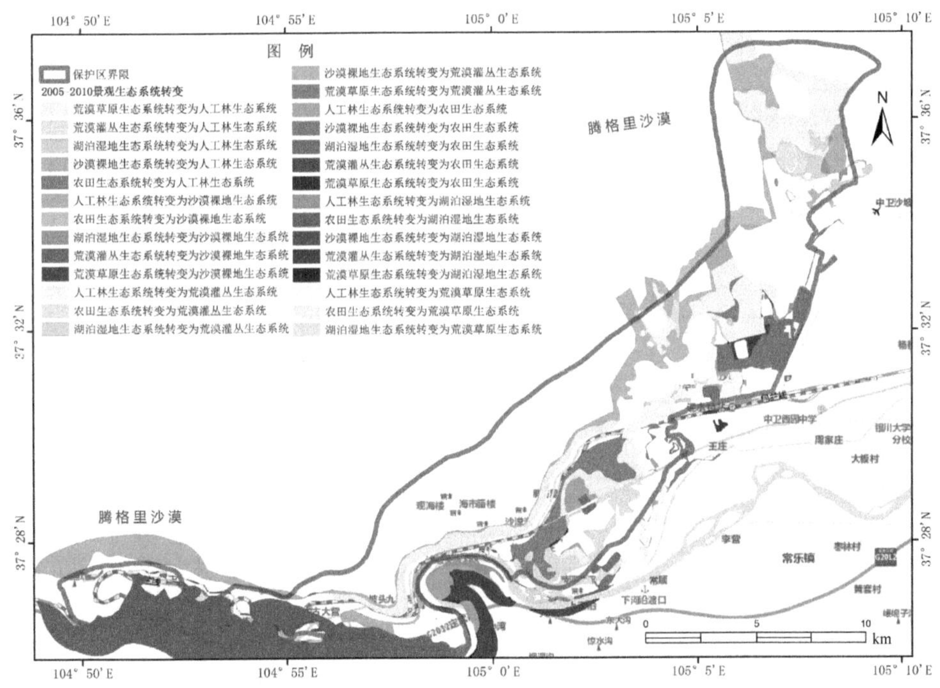

图 9.6 2005—2010 年景观生态系统类型演变

5．2010—2014 年

分析表 9.8 可知：这期间稳定区面积增幅明显，面积为 107.01 km^2，占保护区面积的 76.36%。稳定区内沙漠裸地生态系统的面积为 38.10 km^2，占稳定区面积的 35.60%，其次为人工林生态系统，面积为 34.05 km^2，占比 31.82%。

该期间生态系统类型的转化面积明显减少，最大转化为沙漠裸地生态系统向人工林生态系统转变，面积为 5.62 km^2，占动态区面积的 16.97%，其次为人工林生态系统向农田生态系统转化，面积 5.04 km^2，占比 15.22%。其余生态系统之间的转化面积均不超过 3 km^2。

表 9.8 2010—2014 年景观生态系统类型转移矩阵

	人工林生态系统	农田生态系统	沙漠裸地生态系统	湖沼湿地生态系统	荒漠灌丛生态系统	荒漠草原/草甸生态系统	其他（建筑交通用地）
人工林生态系统	34.05	5.04	0.28	0.50	1.33	0.10	0.70
农田生态系统	1.06	10.74	0.22	0.05	0.57	0.34	0.06
沙漠裸地生态系统	5.62	0.12	38.10		1.63		0.11
湖沼湿地生态系统	0.23	0.66	0.02	6.13	0.02	0.63	0.18
荒漠灌丛生态系统	2.68	0.42	0.73	0.01	15.72		
荒漠草原/草甸生态系统	2.38	1.03	1.11	0.10	2.34	1.88	0.20
其他（建筑交通用地）	2.12	0.37	0.04	0.08	0.05		0.39

空间上（见图 9.7）：保护区内生态系统稳定区范围明显扩大，动态区较小，各种生态类型转变区零星分布保护区，沙漠裸地生态系统转变区占据主导位置。

综上所述，1973—1992 年人类活动干预相对较小，生态系统演变多为自然演变；2000—2010 年人类活动加剧，其影响下的景观生态系统演变也趋于活跃；2010—2014 年生态系统转移变化相对最少，主要原因是政府对生态建设投资加大，同时人们的环保意识有所增强。

自然与人类双重因素影响下，沙坡头保护区景观生态系统稳定性存在时空差异。基于变化的频度和幅度，可以判断 2010 年呈现为稳定态的包括湖沼湿地生态系统、荒漠草原/草甸生态系统，不稳定的主要为沙漠裸地生态系统，其余处于过渡状态。2014 年，不稳定的沙漠裸地生态系统状况改善，不稳定态类型基本不存在，但原来处于不同程度稳定阶段的荒漠草地/草甸、湖沼湿地等生态系统则情况恶化，稳定区面积明显萎缩，这与抽取地下水、采石破坏地下水循环有关。

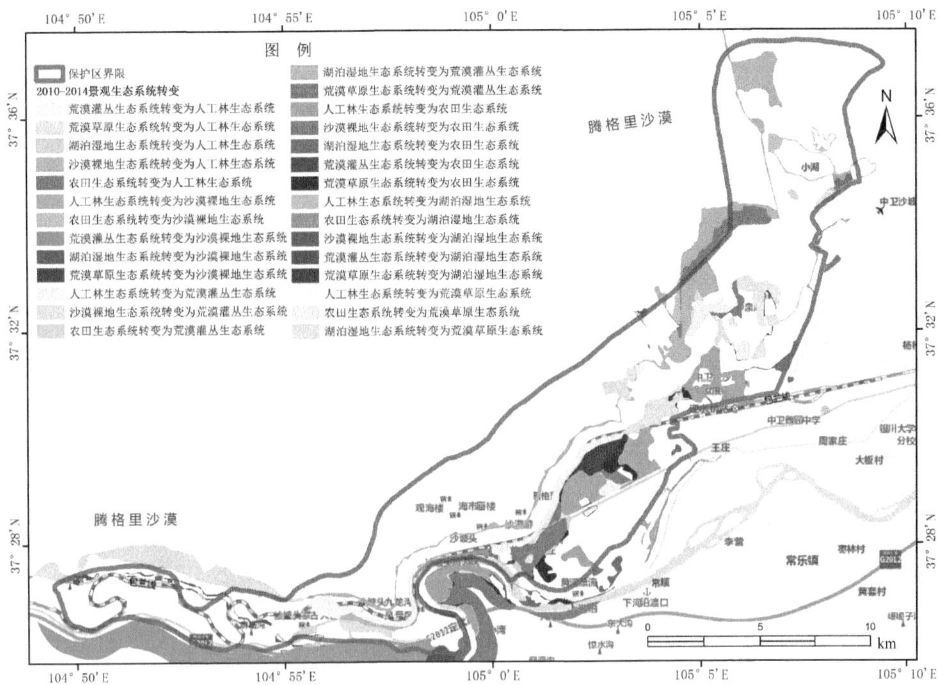

图 9.7　2010—2014 年景观生态系统类型演变

第 10 章　宁夏沙坡头自然保护区生态系统稳定性整体评估

沙坡头自然保护区生态系统整体评价主要采用指数法，首先采用红绿灯法对建立的指标进行单项评价，然后基于加权综合法计算稳定性综合指数 ESI，借此判断保护区生态系统稳定性的变化过程、总体现状和未来发展。

10.1　单项指标评估结果

10.1.1　土壤养分含量（D_1）

沙坡头保护区土壤类型较为复杂，分布有 6 个土类，土壤总面积 13 262.6 hm^2，以风沙土为主，另外尚有灰钙土、潮土、新积土、灌淤土、盐土分布。风沙土面积 10 610 hm^2，占保护区土壤总面积的 80%左右；灰钙土面积 1 127 hm^2，占保护区土壤总面积的 8.5%；潮土面积 1 326 hm^2，占保护区土壤总面积的 10%；另外新积土、灌淤土、盐土合计面积只有 199.6 hm^2，占保护区总面积的 1.5%。

1．数据源

（1）中国生态系统定位观测与研究数据集—草地与荒漠生态系统卷—宁夏沙坡头站（1998—2008）。

（2）实测数据：2012—2015 年所采 2 000 多个土壤样品，经风干、过筛及分装等预处理，实验测定土壤速效氮、速效磷、速效钾。

2．保护区土壤养分时序变化

（1）土壤速效氮：总体呈增长态势，但增长阶段性特征明显，开始几年缓慢增长，2006 年出现异常峰值，达 19.43 mg/kg，而后在波动中增长（见图 10.1）。

（2）土壤速效磷：2001—2005 年迅速减少，之后基本保持缓慢减少趋势（见图 10.2）。

（3）土壤速效钾：总体上趋于减少，但 2005 年异常增加（见图 10.3）。

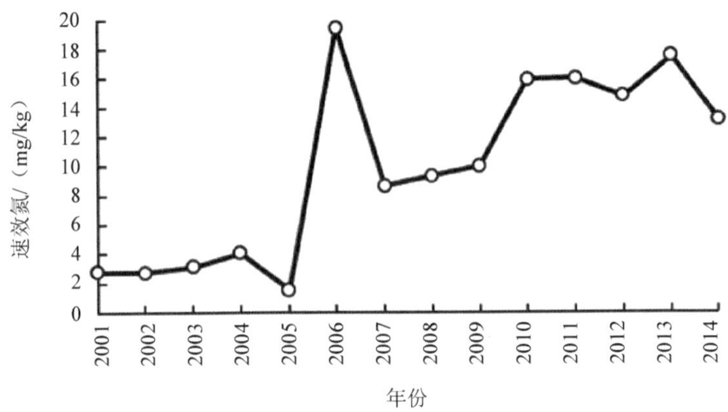

图 10.1　土壤速效氮时间变化

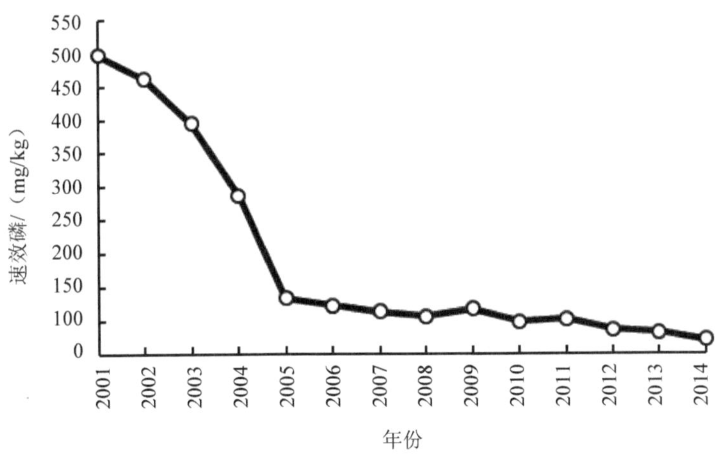

图 10.2　土壤速效磷时间变化

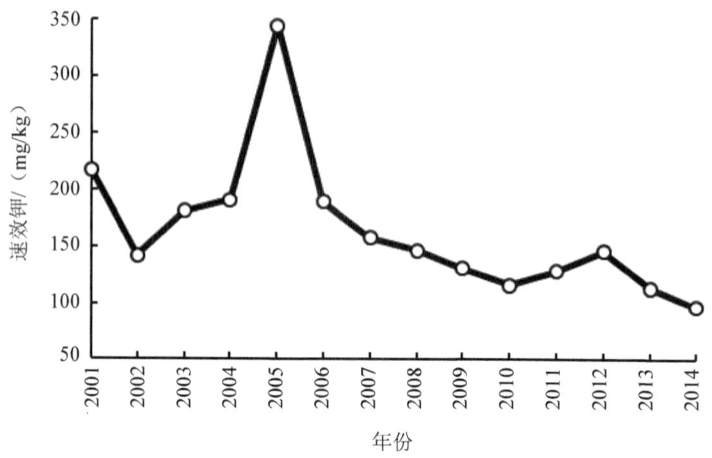

图 10.3 沙土壤速效钾时间变化

10.1.2 土壤含水量（D_2）

1．数据源

（1）中国生态系统定位观测与研究数据集—草地与荒漠生态系统卷—宁夏沙坡头站（1998—2008）。

（2）实测数据：2012—2015 年所采 2 000 多个土壤样品（见图 10.4）。

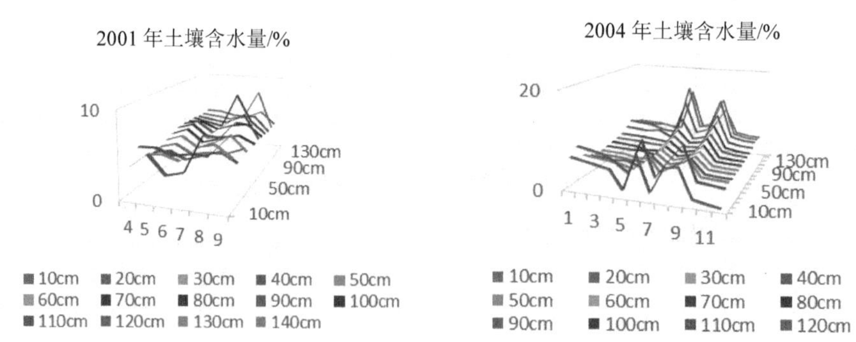

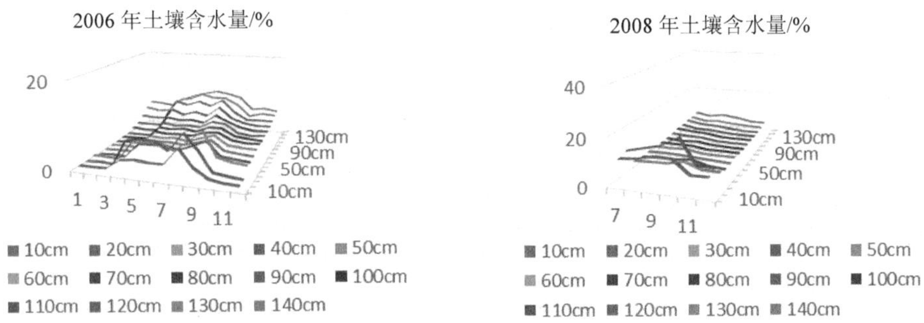

图 10.4　不同深度土壤含水量

10.1.3　地下水水位（D_3）

数据源：中国生态系统定位观测与研究数据集—草地与荒漠生态系统卷—宁夏沙坡头站（1998—2008）。

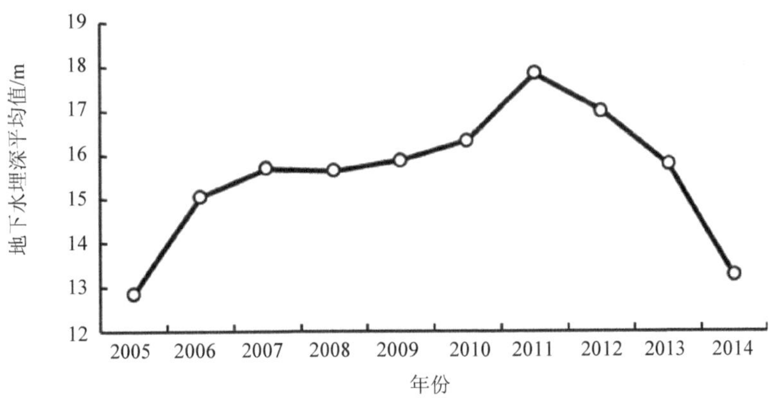

图 10.5　沙坡头自然保护区平均地下水埋深变化

10.1.4　核心区面积比例（D_4）

按照区划原则和依据，根据保护对象的时间、空间分布格局以及道路、生态旅游点、居民点及其生产生活需要等情况，以“五带一体”铁路防护体系、“三北”防护林体系和野生动物及其栖息地为重点，将保护区综合划定为核心区、缓冲区和实验区。各功能区面积见表 10.1，可知沙坡头核心区面积比例为 28.18%。进一步参照《自然保护区自然生态质量评价技术规程》中有关标准（见表 4.1），可知沙坡头核心区面积比例比较适宜。

表 10.1 沙坡头自然保护区各功能区面积

分区	面积/hm^2	占保护区总面积比例/%
核心区	3 956.76	28.18
缓冲区	5 414.12	38.55
实验区	4 672.21	33.27
总面积	14 043.09	100.00

10.1.5 保护区总面积大小（D_5）

依据保护区总面积大小可将保护区分为超大型、大型、中型及小型自然保护区。原则上保护区面积越大，其生态系统越稳定。沙坡头保护区总面积仅 14 043.09 hm^2，对比荒漠类型自然保护区规模划分标准，可知沙坡头保护区属于较小型。

10.1.6 流沙区面积比例（D_6）

沙坡头自然保护区各类土壤面积共 13 340 hm^2（毛面积，下同），占土地总面积的 97.2%；非土壤面积 382 hm^2，占土地总面积的 2.8%。在各种土壤类型中，以风沙土的面积最大，占土壤面积的 70.8%。土壤表层各质地的面积，以沙土面积最大，达 11382 hm^2，占 82.9%，其次为沙壤土。

风沙土是在风积细沙母质上形成的土壤，包括各类型沙丘和浮沙地，是沙坡头自然保护区的主要土壤类型，面积 9 704.4 hm^2，占土壤总面积的 72.08%。风沙土主要分布在包兰铁路及丁北堆以北。此外，丁北堆以西至碱碱湖之间也有较大面积的分布。

风沙土按其流动状况可分为流动风沙土、半固定风沙土和固定风沙土三个亚类。

1．流动风沙土

在风沙土中，流动风沙土的面积最大，达 100 866 亩（6 724.4 hm^2），占风沙土面积的 69.3%。

2．半固定风沙土

半固定风沙土的面积较小，只有 1 076.8 hm^2，占风沙土面积的 11.1%。

3．固定风沙土

固定风沙土面积 1 908 hm^2，占风沙土面积的 19.6%。

10.1.7　环保资金投入（D_7）

自 2000 年保护区的财政投入（见表 10.2），可以看出保护区的投资重点渐渐从基础设施建设往生态建设和保护上转移。在气候变化的影响下人们越来越关注生态环境的变化，并逐渐加强了保护区的信息化建设。此外，国家投资力度体现了国家对自然保护区的重视以及近年来对生物多样性的关注。

表 10.2　2001—2014 年保护区财政投入情况

年份	财政投入/万元	资金来源	主要用途
2001	100	财政部	保护区实施了 14 个能力建设项目
2002	105	财政部	重点充实保护区的管理宣教科研等方面的薄弱环节
2004	70	财政部	用于野外巡护交通工具的配备和保护区总体规划的更新及功能区调整
2005	150	财政部	用于保护区管护基础设施建设及科研与宣教工程
2007	100	财政部	用于保护区加强生物物种资源保护
2008	30	宁夏财政厅	用于保护区范围及功能区调整
2009	300	财政部	管护站及配套设施建设，埋设界桩 150 个，设置标桩 100 个、警示性标志牌 10 个、设立图文并茂的解说牌 5 个、瞭望塔 1 座、修建防火道 10 km、建设生态定位监测站 1 处、制作保护宣传图片、出版了《宁夏中卫沙坡头国家级自然保护区二次综合科学考察》一书等
2010	300	宁夏财政厅	建设 1 200 m^2 的沙漠科教馆，设置一个功能解说牌、5 个指示性标牌，并进行人员培训
2014	520	财政部	建设内容主要包括：在荒草湖建设科研监测综合楼和沙漠科教馆，并配备宣教设备，建立沙坡头国家级自然保护区网站和保护区三维地理信息系统，配备动物救护设备和病虫害检疫防治设备，配备科研监测设备

10.1.8 保护区管理者素质（D_8）

管理局目前合计在职职工 22 人，其中专业技术人员 10 名，专业技术人员比重达 45%。且有正高职高级技术职称者 1 名，高级技术职称者 3 名，中级技术职称者 1 名，助理技术职称者 5 名。

10.1.9 气温变率（D_9）

按照中国气象局的规定，中央气象台发布高温预警时定义日最高气温≥35℃为高温日，即一年中日最高气温≥35℃的天数为当年的高温日数（高荣等，2008）。沙坡头保护区数据分析得知：1971 年以前，高温日数变化不大，全部在 0～1 天之间波动；1971 年高温天突然增多，为 8 天；1971 年以后，高温日数变化相对平稳，基本都小于 3 天。

类似地，按照中国气象局的低温标准，规定日最低气温＜－20℃定义为低温日（李海花和刘大锋，2013）。保护区数据分析得知：54 年（1959—2012 年）来，沙坡头地区低温日为 0 天的年份较少，说明沙坡头地区低温冻害的影响很大。其中在 1967 年、1968 年、1975 年、1989 年、1993 年和 2008 年低温日均大于 10 天，1984 年为 9 天，其余年份变化较平缓，基本在 0～6 天内波动。整体表明沙坡头地区低温日出现较频繁，需提防低温带来的自然灾害（见图 10.6）。

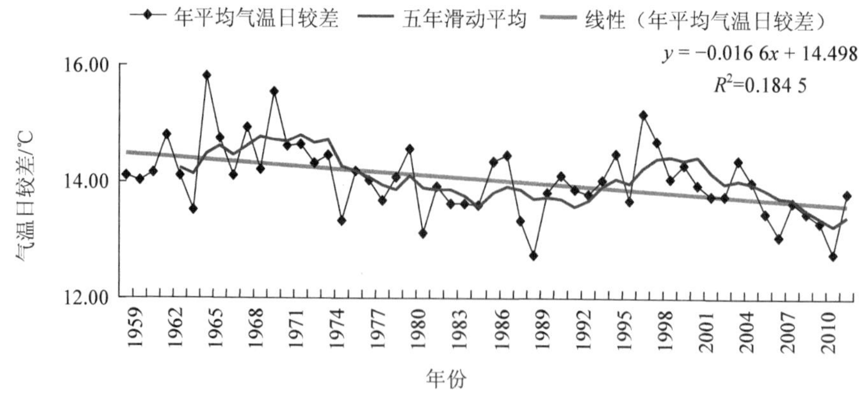

图 10.6 50 多年中卫沙坡头地区年平均气温日较差变化

宁夏沙坡头地区 54 年来年平均气温日较差具有一定的下降趋势。趋势系数为 0.429 5（p=0.001 2＜0.01），变化速率为−0.166℃/（10a），54 年来平均气温日较差下降了约 0.83℃。从 M-K 检验得知年平均气温日较差原始数据序列 UF_{54} 值为−3.32，其绝对值明显大于α =5%时的临界值 1.96，得知序列具有显著的下降趋势性变化。表明近 54 年来宁夏沙坡头地区最高和最低气温虽然都具有上升趋势，但最高气温上升的幅度没有最低气温上升的幅度大。

10.1.10　土壤风蚀强度（D_{10}）

（1）数据源：土地利用/覆盖数据、DEM、植被覆盖度。

（2）模型：根据《土壤侵蚀分类分级标准》（SL 190—2007）中规定的面蚀标准进行土壤侵蚀强度的提取。利用土地利用/覆盖数据、坡度、植被覆盖度专题数据空间叠加分类，获取土壤侵蚀强度等级。

（3）时间变化：沙坡头地区由于植被恢复和不断发展，总体上风蚀呈逐渐减弱趋势，风适量也逐渐下降（见表 10.3）

表 10.3　沙坡头自然保护区多年风蚀量

时间	类型	防风固沙量/t	潜在风蚀量/t	实际风蚀量/t	面积/hm^2	单位面积固沙量/t
2013	核心区	9 266.27	216 655	207 388.73	38.93	5 327.82
	缓冲区	18 052.3	298 100	280 047.7	57.36	4 881.92
	实验区	17 323.5	189 706	172 382.5	47.06	3 662.682
	保护区	44 642.07	704 461	659 818.93	143.35	4 602.71
2010	核心区	79 422.1	481 455	402 032.9	38.93	10 328.23
	缓冲区	232755	662 444	429 689	57.36	7 490.53
	实验区	74 341.9	421 569	347 227.1	47.06	7 377.67
	保护区	386519	1 565 468	1 178 949	143.35	8 224.01
2007	核心区	60 626.8	457 382	396 755.2	38.93	10 192.64
	缓冲区	242081	629 321	387 240	57.36	6 750.54
	实验区	73 793.9	400 490	326 696.1	47.06	6 941.44
	保护区	376 501.7	1 487 193	1 110 691.3	143.35	7 747.86

时间	类型	防风固沙量/t	潜在风蚀量/t	实际风蚀量/t	面积/hm^2	单位面积固沙量/t
2004	核心区	79 735	1 107 350	1 027 615	38.93	26 399.44
	缓冲区	350 404	1 523 620	1 173 216	57.36	20 452.03
	实验区	217 054	969 608	752 554	47.06	15 989.82
	保护区	647 193	3 600 578	2 953 385	143.35	20 601.97
2001	核心区	318 084	2 335 050	2 016 966	38.93	51 815.87
	缓冲区	638 344	3 212 850	2 574 506	57.36	44 879.95
	实验区	403 379	2 044 610	1 641 231	47.06	34 871.9
	保护区	1 359 807	7 592 510	6 232 703	143.35	43 477.55

10.1.11 保护区内人类活动强度（D_{11}）

1．人口压力

宁夏沙坡头国家级自然保护区于 1984 年 9 月建立，根据保护区 1988 年的社会经济调查，保护区内当时仅有三个自然村，9 个合作社，一个居民委员会，一个敬老院。共有城镇人口 1 112，农村人口 3 580。1994 年升级为国家级自然保护区后，社会经济发展迅速，根据 2013 年社会经济调查显示保护区内有 6 个行政村（沙坡头村、鸣钟村、黑林村、夹道村、孟家湾村、长流水村），7 个事业单位，11 家企业。保护区内现有人口 7 410，其中行政村有农民 5 278，企事业单位有职工 2 132。保护区内建筑用地、农田生态系统用地和人工林生态系统用地与保护区发展相关联。1979—1992 年在保护区内几乎没有发现建筑用地以及农田生态系统用地。2000—2014 年由于经济发展需要，出现了大面积的建筑用地以及农田生态系统用地，同时为了改善生态环境，更是人为地建立了大批的人工林生态系统和湿地生态系统。

2．建设活动

交通：区内铁路有包兰、中宝、甘武、中太（拟建）铁路，通过本区可达北京等 12 个省会城市。公路有中营高速公路、银兰、迎闫公路以及下河沿水运码头纵横穿过。

国家重点建设项目：西气东输管道管线在宁夏段穿越中卫城区的长度为

117 km。其管道工程管线沿中卫沙坡头国家级自然保护区西南界孟家湾段铺设，路线总长为 4.5 km。此项工程在运行期间采用密闭输送，正常情况下对环境的影响主要来自工艺站场的排污、横跨黄河输油管道的看护站点产生的少量生活污水和垃圾，以及供暖系统燃气排放的废气。但此管道输送的介质属甲类易燃气体，潜在着火灾爆炸的危险性，将会对保护区环境造成潜在的影响。

工业活动：保护区内主要的企业有宁夏美利纸业（集团）公司，该公司自 1998 年以来在保护区境内高鸟堆以西开荒、毁林兴建了一个占地 1 333.3 hm^2 的省级工业园区，占保护区面积的 9.7%，栽植速生杨以作造纸原料。保护区内现有水泥制品厂、砂石厂等均属乡（镇）集体小型企业或私人小企业，产生的粉尘、弃渣、污水等污染物破坏自然植被。

3．旅游开发

沙坡头自然保护区成立时境内尚无旅游业，沙坡头的铁路治沙成果也仅供专家、领导和国际人士取经、学习。20 世纪 90 年代初开始在沙坡头开发旅游景区，经 20 余年的建设发展已具相当规模，被国家旅游局评为首批 AAAAA 级旅游区，年接待游客 90 万人次左右。旅游区跨保护区核心区和缓冲区，但旅游建设项目和游客活动重点集中在实验区，即南北两个景区，并通过栈道方式连接，对生态影响相对较小。南北景区各种娱乐设施及游乐活动均位于流动沙丘区，对植被影响微弱，但距离缓冲区边界近，对动物生境有潜在威胁。

10.1.12 保护区周边地区人类活动强度（D_{12}）

1．中卫机场建设对保护区的影响

已建中卫机场占地面积 157.8 hm^2，位于保护区东北边，与保护区相邻。机场建设对保护区的结构与功能没有产生较大影响，主要是对鸟类活动有间接影响。只要科学规划、控制，次生影响是可以控制的。同时采取充分的驱鸟与护鸟措施，飞机与鸟类的不利影响也可以得到一定程度的避免或缓减。

2．沙坡头水利枢纽工程的潜在影响

黄河沙坡头水利枢纽工程坝址左岸施工地位于沙坡头国家级自然保护区西南缘实验区的外围，占地 84.73 hm^2。沙坡头水利枢纽工程建成蓄水发电，变无坝引水为有坝引水，使保护区内部分实验区土地有了灌溉水源条件，为实验区开展多种经营和科学实验提供了水源，也有利于沙坡头旅游区内植被的生长。

3．毗邻地区工业发展

1）生活污水

保护区周边企事业单位产生的生活污水尽可能与附近城镇污水处理系统联网，经过处理达标后排放，未经处理的污水不得直接排放，需经净化处理后妥善处置。旅游区的分散公厕需使用免冲洗厕所。

2）废气

驶入保护区内的机动车辆，应安装废气净化装置；保护区管护站和行政村住户、企事业单位燃料尽量使用沼气、液化气等清洁能源，以电、气代煤；周边企事业单位冬季取暖锅炉采用洁净煤燃烧技术和高烟囱烟气排放技术，减少废气排放。区内严禁建设可能造成大气污染的项目。

3）固体废弃物

在游览区内设立宣传牌，加强文明卫生宣传。在游人聚集地、游览线路、景区、景点等地合理设置垃圾箱，并定期清理回收垃圾，集中运至垃圾场统一处理。结合当地政府经济实力，逐步实现由当地环卫部门统一收集区内企事业单位产生的生活垃圾，运至垃圾场处理。

10.1.13 沙生植物覆盖度（D_{13}）

（1）数据源：主要为 Landsat TM 遥感数据（见表 10.4）。

表 10.4 遥感数据

遥感影像	空间分辨率	数据产品等级	轨道号	获取时间
Landsat 5/TM	30 m×30 m	L1T	130/34	1990-08-18
Landsat 7/ETM+	30 m×30 m	L1T	130/34	2001-08-24
Landsat 5/TM	30 m×30 m	L1T	130/34	2007-08-01
Landsat 5/TM	30 m×30 m	L1T	130/34	2011-08-28
Landsat 5/TM	30 m×30 m	L1T	130/34	2014-08-18

（2）时间变化

基于保护区遥感影像资料获取 NDVI，进一步计算得到植被覆盖度（Fractional Vegetation Coverage，FVC）。再与样方调查记录的典型区域植被覆盖状况对比，将植被覆盖度划分为 5 个等级（见表 10.5）。

表 10.5　植被覆盖度分级标准

植被覆盖类型	变化范围	特征
低植被覆盖度	0≤FVC≤15%	基本无植被覆盖，沙地、湖泊或者建设用地、道路等
较低植被覆盖度	15%＜FVC≤30%	有零星植被覆盖，荒漠草原
中植被覆盖度	30%＜FVC≤50%	荒漠草原，植被少量覆盖
较高植被覆盖度	50%＜FVC≤70%	沙丘上有大量植被覆盖，或优良耕地农田
高植被覆盖度	70%＜FVC≤100%	灌丛、固沙防护林、人工林等景观

1990 年保护区总地表植被盖度为 45.60%，其各覆盖度区域面积由大到小依次为：低植被覆盖度区、高植被覆盖度区、较低植被覆盖度区、中植被覆盖度区、较高植被覆盖度区。2001 年保护区总地表植被盖度为 45.21%，其各覆盖度区域面积由大到小依次为：低植被覆盖度区、高植被覆盖度区、中植被覆盖度区、较低植被覆盖度区、较高植被覆盖度；2007 年保护区总地表植被盖度 53.74%，其各覆盖度区域面积由大到小依次为：低植被覆盖度区、高植被覆盖度区、中植被覆盖度区、较低植被覆盖度区、较高植被覆盖度。2011 年保护区总地表植被盖度 65.65%，其各覆盖度区域面积由大到小依次为：高植被覆盖度区、低植被覆盖度区、中植被覆盖度区、较高植被覆盖度区、较低植被覆盖度。2014 年保护区总地表植被盖度 69.32%，其各覆盖度区域面积由大到小依次为：高植被覆盖度区、低植被覆盖度区、较高植被覆盖度区、中植被覆盖度区、较低植被覆盖度。可见沙坡头自然保护区植被状况总体趋于变好（见图 10.7），但 2011 年之前，低植被覆盖度区一直占主体，说明保护区的植被茂密程度长期偏低，之后高植被覆盖度区成为主体，表明植被恢复、特别是人工植被恢复发展很快。

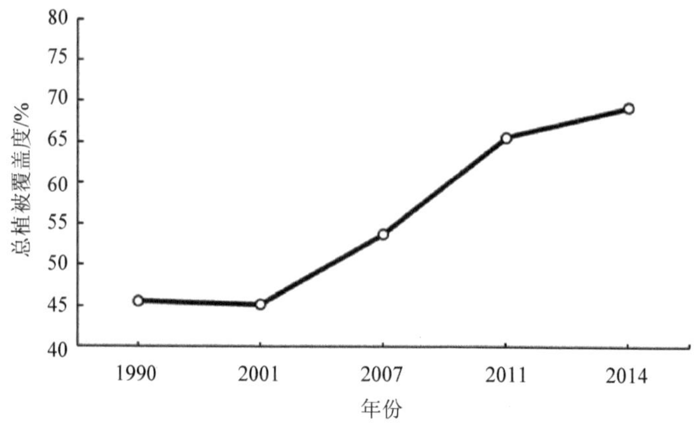

图 10.7 沙坡头自然保护区平均总植被覆盖年变化

10.1.14 原生植物优势度（D_{14}）

根据 1986 年第一次植物考察报告中植物名录记载，保护区境内共有种子植物 76 科、221 属、414 种（包括种下等级）。其中裸子植物 4 科、7 属、11 种，被子植物 72 科、214 属、403 种。414 种中野生植物 252 种，栽培植物 162 种。

在二期考察中，经过野外调查、采集标本、室内鉴定，整理结果表明保护区境内现有种子植物 79 科、234 属、444 种（包括种下等级）。其中裸子植物 4 科、8 属、14 种，被子植物 75 科、227 属、430 种，野生植物 264 种，栽培植物 180 种（见表 10.6）。

表 10.6 沙坡头自然保护区植物类群及数量变化

类群	一期考察			二期考察		
	科	属	种	科	属	种
裸子植物	4	7	11	4	7	14
被子植物	72	214	403	75	227	430
种子植物	76	221	414	79	234	444
野生植物	55	154	252	56	157	264
栽培植物	21	67	162	23	77	180

与第一次植物考察结果相比，近 20 年来保护区种子植物种类略有增加，共计增加了 3 个科（紫茉莉科、天南星科、美人蕉科）、13 个属（雾冰藜属、紫茉莉属、芝麻莱属、合欢属、蜀葵属、茴香属、假紫草属、向日葵属、万寿菊属、小麦属、玉蜀黍属、菖蒲属和美人蕉属）、30 个种。第一次考察报告中原生植物种占总植物种的 60.8%，第二次考察报告中下降到 59.5%。

10.1.15　生物结皮盖度（D_{15}）

分别选取沙坡头景区东西两侧 20 世纪 60 年代初、60 年代中期、70 年代、80 年代、90 年代和 2010 年后建立的 6 个黏土沙障与梭梭林人工固沙植被区作为试验样地，以流动沙丘作为对照区。在每个黏土沙障与人工梭梭林地设置 10 m 调查样线，用电子游标卡尺和硬度计测定结皮厚度和紧实度；在每个样地设置 1 m×1 m 的样方各 3 个，拍摄结皮照片，利用 Photo Shop 软件计算结皮面积，测定结皮覆盖度。

随着固沙年限的增加，结皮总盖度也呈现逐渐增加的趋势（见表 10.7）。除 20 世纪 60 年代中期和 70 年代黏土沙障+梭梭固沙林外，其他各年代固沙区土壤结皮总盖度表现出显著差异。从总盖度的减少速度看，从 80 年代到 2010 年，结皮总盖度增加较快，减少速度为 10.9%/10a，是 80 年代之前的固沙区减速两倍之多。生物结皮 80 年代在植被固沙区几乎消失。从生物结皮的种类看，往前追溯到 60 年代都存在物理结皮，80 年代以前一直存在地衣结皮，但地衣结皮比例下降，70 年代及以前主要存在苔藓结皮。可见，从结皮的发育阶段来看，干旱区流动沙丘固定后，首先发育的是物理结皮，之后随着黏土沙障内小气候的改善和微生物的入侵，生物结皮开始发育。

表 10.7　沙坡头自然保护区不同年代固沙植被区土壤结皮覆盖度变化

固沙年代	结皮类型	结皮颜色	总盖度%	分盖度%	
				物理结皮	生物结皮
流沙	结皮		0	0	0
60 年代初	生物结皮+物理结皮	棕绿色	81.96	23.70	58.27
60 年代中期	生物结皮+物理结皮	棕绿色	73.88	24.18	49.70
70 年代	生物结皮+物理结皮	棕色	71.95	28.09	43.85

固沙年代	结皮类型	结皮颜色	总盖度%	分盖度%	
				物理结皮	生物结皮
80 年代	地衣结皮+物理结皮	棕色	65.64	45.44	20.21
90 年代	物理结皮	灰色	54.41	54.41	0
2010 年以来	物理结皮	灰色	43.81	43.81	0

10.1.16 地上层片结构（D_{16}）

沙坡头群落的物种组成种类相对贫乏，层次结构并不十分复杂，垂直结构分层不明显。2012 年以来的保护区普遍生物调查及重点区域调查发现，保护区内群落地上层片结构包含多种形式：乔—灌—草、灌—草—地被、灌—草、草—地被，且大部分区域植被的群落结构仅能区分灌木、草本两个层片，主要以超旱生、旱生的灌木或半灌木群系为优势种和建群种，例如位于保护区最西部的狭叶锦鸡儿群系、猫头刺群系等。在生境条件较为良好的保护区“国家环保科普基地”内气象站南的小叶杨群系可以区分出乔木、灌木、草本三个层片，植被盖度达到 30%，但群落上层乔木层仅有小叶杨一种，且分布稀疏。有些群落甚至仅有草本层，例如，位于保护区“国家环保科普基地内气象站周围的芦苇群系、基地东北部的油蒿群系”。在少数植被发育十分良好，且水分条件较好的地区，有生物结皮层形成，主要由藻类和苔藓类等隐花植物构成。

10.1.17 水平数量结构（D_{17}）

镶嵌性或镶嵌现象普遍存在于自然界，尤其是群落与生态系统，它们都是一种镶嵌体。镶嵌体的镶嵌单位是特定时空和特定等级下相对均质性的一维、二维、三维或 N 维的客观实体。它具有独特的结构、组成、生态和功能，而相异于其周边的客观实体。因此，它不仅是一个结构单位，而且是一个功能单位或生态单位。

植物群落水平数量结构的主要特征就是它的镶嵌性。按照镶嵌性的复杂程度分为复杂、一般、简单三级。镶嵌越复杂，生态系统越稳定。

沙坡头荒漠群落水平结构较为简单，往往只有一个由建群种组成的很稀疏的层片，在水分条件较好的区域或有土壤结皮的半固定沙丘上具有较多植物物种镶嵌组成的荒漠群落。例如位于保护区中部沙坡头景区东部包兰铁路南侧的细枝岩黄芪群系、柠条锦鸡儿群系，仅有两三种植物与之镶嵌。荒漠植物群落中最为普遍的分布样式是呈斑块状分布，这种分布特征主要与种子传播的有效性以及土壤、水资源等空间的异质性有关。

10.1.18　阳离子交换量（D_{18}）

1．数据源

（1）中国生态系统定位观测与研究数据集—草地与荒漠生态系统卷—宁夏沙坡头站（1998—2008）。

（2）实测数据：2012—2015 年所采 2 000 多个土壤样品。

2．时间变化

阳离子交换量起伏较大，但总体上呈增大趋势（见图 10.8），说明保护区土壤保肥能力不断增强。

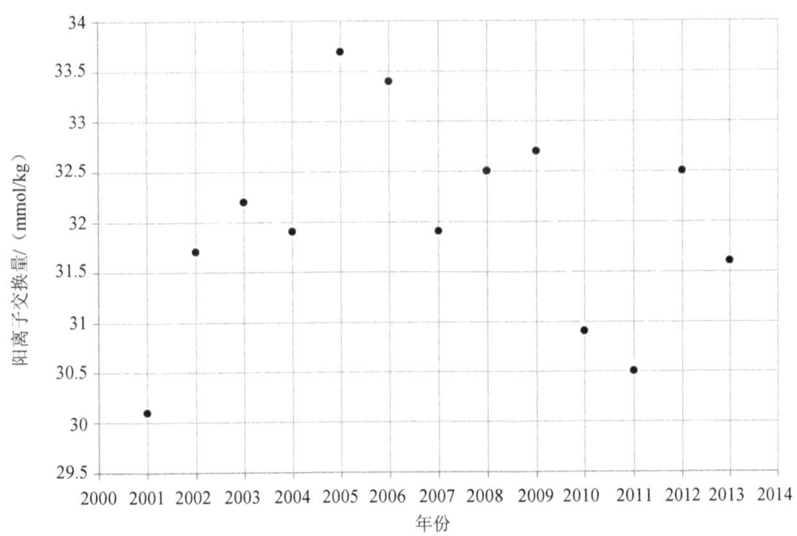

图 10.8　沙坡头自然保护区土壤平均阳离子交换量

10.1.19　净初级生产力（D_{19}）

净初级生产力（Net Primary Productivity，NPP）是指植物在单位时间单位面积上由光合作用产生的有机物质总量中扣除自养呼吸后的剩余部分。NPP 可以由植物吸收的光合有效辐射（APAR）与光能利用率来确定

（1）数据源：LANDSAT 陆地系列卫星 1990 年、1996 年、2002 年、2007 年、2011 年、2014 年等 6 年 8 月的 TM/ETM+/OLI 影像，选用的影像数据在研究区内云量覆盖为零，质量良好，满足研究要求。

（2）模型：采用 CASA 模型。将有效时间为 2000—2014、空间分辨率为 1 km 的 MOD17A3 产品经过投影转换、裁切等基本操作后，便可直接使用。

（3）时间变化：总体上沙坡头自然保护区平均 NPP 呈上升趋势，但存在一定波动（见图 10.9），这与当年的降水条件关系密切。

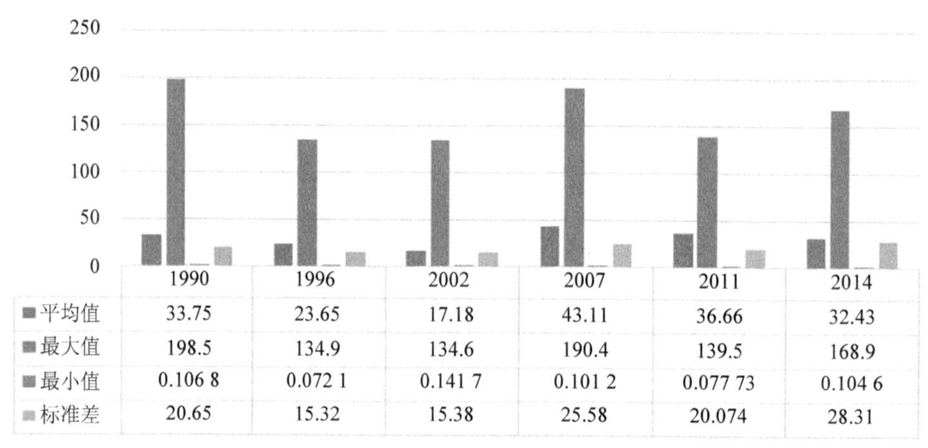

	1990	1996	2002	2007	2011	2014
■平均值	33.75	23.65	17.18	43.11	36.66	32.43
■最大值	198.5	134.9	134.6	190.4	139.5	168.9
■最小值	0.106 8	0.072 1	0.141 7	0.101 2	0.077 73	0.104 6
■标准差	20.65	15.32	15.38	25.58	20.074	28.31

图 10.9 沙坡头保护区植被多年 NPP

空间上（见图 10.10）：2014 年中卫市沙坡头保护区的植被 NPP 高值区，主要集中在西部头道墩、长流水两块小绿洲、中部的迎水镇和沙坡头景区的附近区域、北部高墩湖、马场湖、小湖、荒草湖等水域周边的区域，以及包兰铁路沿线。

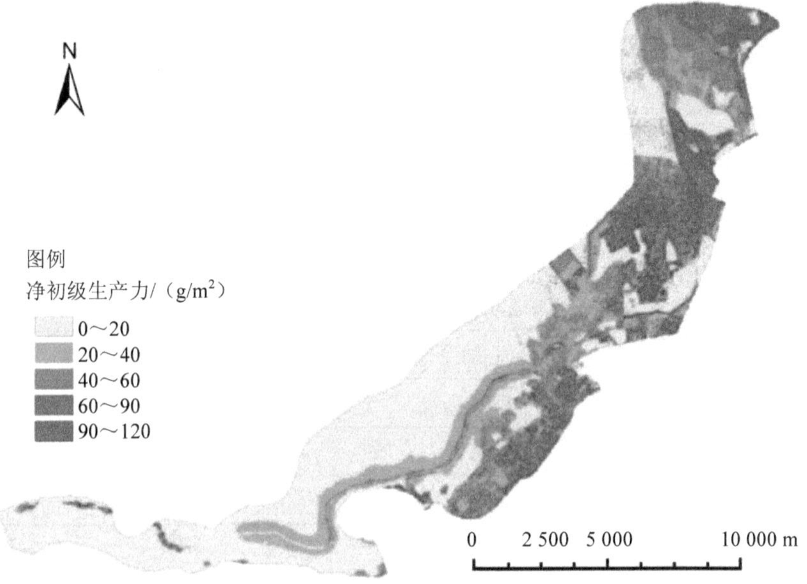

图 10.10 2014 年沙坡头保护区植被 NPP 空间差异

不同时段内保护区 NPP 空间差异：1996 年保护区的 NPP 空间分布与 1990 年相比变化不大，只是在黄河南岸由于部分新耕地的开垦，零星多了一些高值区域；而 2002 年和 1996 年的 NPP 空间分布变化也主要集中在这一区域，但范围有所扩大；2007 年与 2002 年相比，除了黄河南岸黄灌区的 NPP 高值分布进一步扩张以外，保护区北部也有较明显的变化，主要源于周边林业的发展，且这种趋势一直延续到了 2011 年。而近 5 年内，NPP 增大区扩展不明显，反而在北部有缩小的趋势。

10.2 单要素红绿灯法评估结果

10.2.1 单指标变化趋势判断

基于以上单项指标变化过程基础信息，可对其近 20 年及未来长期发展趋势进行判断（见表 10.8）。

表 10.8 稳定性单指标评价结果

要素指标（C_j）	稳定性指标 D_j	近 20 年变化	长期变化
水土环境	土壤养分含量	↗	↗
	土壤含水量	↘	↗
	地下水水位	↘	⇨
面积适宜性	核心区面积比例	↗	↗
	保护区总面积大小	⇨	↗
	流沙区面积比例	↘	↘
生态管理	环保资金投入	↗	↗
	保护区管理者素质	↗	↗
干扰强度	气温变率	↘	⇨
	风蚀强度	↘	↘
	保护区内人类活动强度	↗	↘
	保护区周边地区人类活动强度	↗	↘
生物多样性	沙生植物覆盖度	↗	⇨
	生物结皮盖度	↘	⇨
	原生植物优势度	↘	⇨
群落生态结构	地上层片结构	↘	⇨
	水平数量结构	⇨	↗
群落养分循环与固碳能力	阳离子交换量	↗	↗
	植被净初级生产力	↗	⇨

10.2.2 单项指标红绿灯评结果

评价结果直观表达见图 10.11，可以看出 10 个指标情况向好，7 个情况恶化，2 个基本没变。

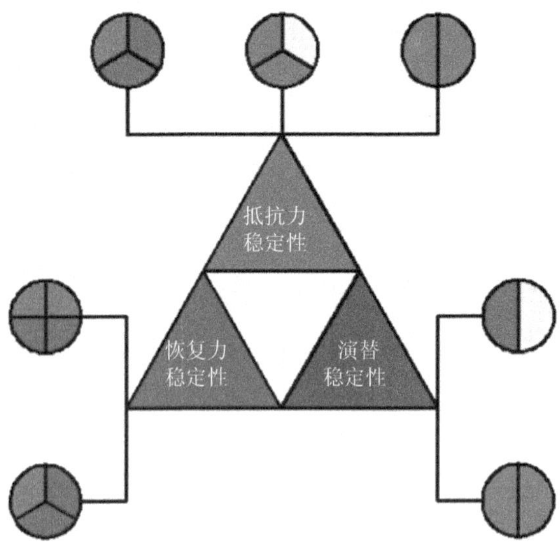

图 10.11　单项指标红绿灯评估汇总结果

10.3　自然保护区生态系统整体稳定性评估结果

基于 10.1 部分单项指标的系列数据，运用 5.2 部分确定的综合方法，计算出沙坡头自然保护区几个关键年份（2001、2005、2007、2010、2012、2014）的生态稳定性指数（Ecosystem Stability Index，ESI）。

10.3.1　生态系统稳定性影响要素贡献

影响生态系统稳定性的要素贡献见图 10.12，可见制约要素贡献由群落组成贡献为主转变为以生境条件为主。

10.3.2　生态系统三维度稳定性贡献

结果见图 10.13，可知 6 年三种内涵稳定性对整体稳定性的贡献主要以抵抗力稳定或恢复力稳定为主，特别是前者。

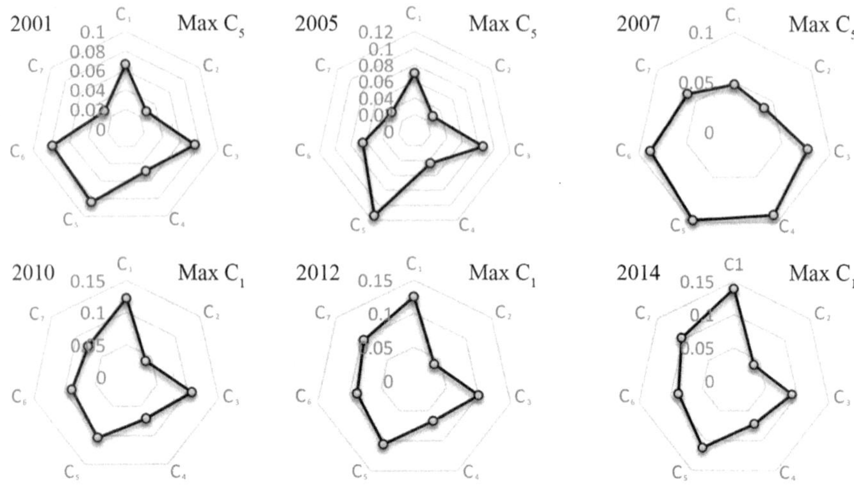

C_1 水土环境；C_2 面积适宜性；C_3 生态管理；C_4 干扰因素；
C_5 群落组成；C_6 群落生态结构；C_7 养分循环与固碳能力

图 10.12　沙坡头自然保护区多期稳定性影响要素贡献

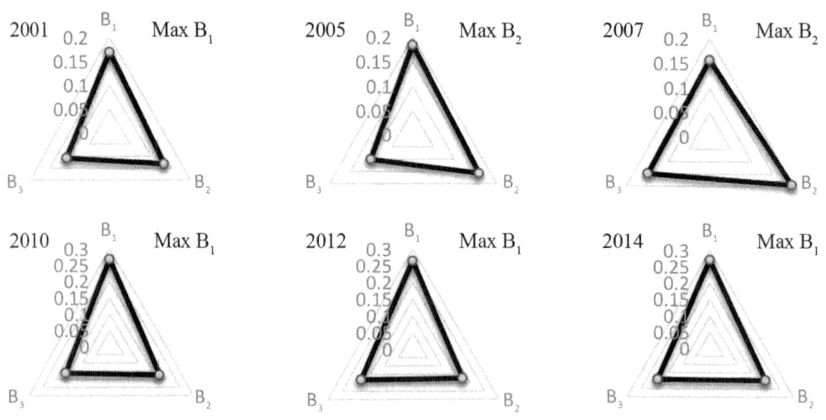

B_1-抵抗力稳定性；B_2-恢复力稳定性；B_3-演替稳定性

图 10.13　沙坡头自然保护区三种内涵稳定性贡献

10.3.3 生态系统整体稳定性指数 ESI 结果

利用上述公式，可以确定上述几个关键年份沙坡头自然保护区生态系统整体稳定性大小及变化趋势（见表 10.9、图 10.14）。

表 10.9 不同年份沙坡头自然保护区生态系统整体稳定性指数 ESI 变化

年份	2001	2005	2007	2010	2012	2014
ESI	0.410	0.443	0.503	0.607	0.621	0.661

对照稳定性分级可知，沙坡头自然保护区经过近 15 年发展，总体上区域生态系统稳定性得到加强，已由过渡态进入到稳定态。

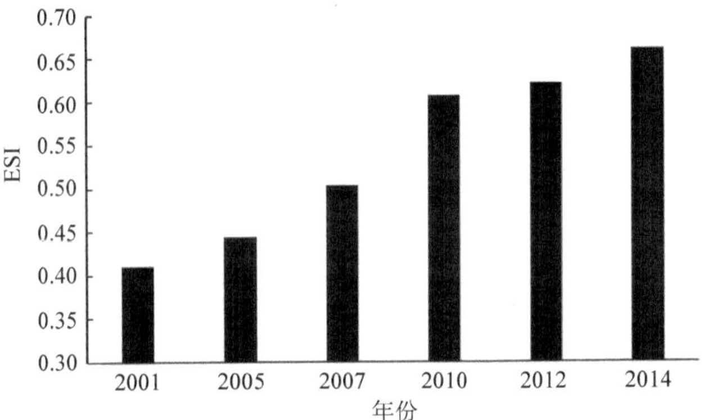

图 10.14 沙坡头保护区生态系统整体稳定性时间变化

尽管背景区域气候干旱化，但由于长期治沙防沙与生态修复工程实施、大规模推沙造林、各种生态监测和维护、合理水资源配置（大规模取黄河水灌溉、节水灌溉）、人类活动的调控努力，沙坡头自然保护区生态状况总体趋好，稳定性增强。

第 11 章 促进保护区生态稳定与可持续发展策略

11.1 树立“生态文明”保护理念

生态文明是人、自然和社会的和谐发展，是人与自然、人与人、人与社会和谐共生、良性循环、全面可持续的发展，保护区建设是尊重自然、保护自然生态文明理念的具体实践。自然保护区建设成效是衡量生态文明水平的重要标志。作为具生态环境重要性、敏感脆弱性、交通重要性、人类活动干预性多特点于一处的中卫沙坡头自然保护区，要牢固树立人与自然和谐发展的“生态文明”的保护理念，逐步形成“保护是根本，管理是基础，科技是动力，宣教是方法，项目是载体”的保护体系，使沙坡头自然保护区建设成为腾格里沙漠南缘重要的生态堡垒和屏障。

11.2 运用多种现代技术手段强化生态监管

针对宁夏中卫沙坡头国家级自然保护区关键种群及其栖息地、人为干扰情况、自然环境特征及自然灾害等典型对象和问题，综合运用地面调查、在线监测、卫星遥感监测等多种技术手段，建立“天地一体化”的生态性监测与预警系统，提升沙坡头自然保护区生态监测与管理水平（见表 11.1）。

表 11.1　沙坡头生物多样性与生态环境典型问题及监测内容

重点领域	动植物资源	栖息地	人为干扰	区域自然环境	自然灾害
典型环境问题分析	列入国家保护的动植物物种数量有所减少 保护区一些鸟类数量减少 湿地环境中鱼类和两栖类动物数量下降	防风固沙乔木林面积减少，林木衰败 水环境污染严重，水质变坏和富营养化。水生植物种群数量严重下降，高墩湖、马场湖的芦苇所剩无几。 草甸、草原植被覆盖度下降，草场明显退化	农田剩余的化肥和农药，通过农田灌溉退水进入保护区的湖沼水体，湖沼高密度养鱼 城镇化、农田和池塘面积扩大，改变了自然和人工景观的生物群落结构	周边区域环境污染对自然保护区的影响， 气候变化对生物多样性产生影响	火灾、干旱等自然灾害对生物多样性的潜在威胁
重点监测内容筛选	自然荒漠植被 人工林 湖沼湿地 濒危鸟类	保护区土地利用状况 植被覆盖率 定点植被监测、草层高度 湿地退化面积	人类生活习惯的调查 工业活动调查 农药使用方法与使用后的处理 农牲畜的活动范围	水质质量检测 气象因子监测	自然灾害的监测
主要监测手段	在线视频监测 人工样方、样线监测 遥感监测	人工样方监测 遥感监测	社会经济调查统计 人工调研分析 在线视频监测 遥感监测	在线自动监测 人工定期监测 监测站	人工调查 在线监测 遥感监测

11.3　关键物种与生态系统保护

沙坡头自然保护区主要保护典型的温带沙漠自然生态系统及其生态演替、特有珍稀野生沙地动植物及其生存繁衍的生态环境和以防护林工程为主体的人工生态系统及治沙成果。

11.3.1 自然沙漠植被

保护区地处腾格里沙漠东南缘，大漠沙丘、沙垅连绵几十公里，保持着自然状态，一些地下水位比较高的地区，沙生先锋植物形成了荒漠植被带，构成了荒漠生态系统植被的不同演替阶段，在荒漠生态系统演化方面具有科学研究价值。

11.3.2 人工林生态系统

沙坡头地区的人工林生态系统是人类治沙的奇迹。由于人工林生态系统的建立提高了荒漠生态系统的空间异质性，那些适应人工林栖息生境的动植物进入这一生境定居，大大地增加了沙坡头保护区生物的多样性。

11.3.3 湖沼湿地生态系统

湖沼湿地是保护区荒漠生态系统的子系统，镶嵌于荒漠生态系统中，以其优越的生态环境，孕育了丰富的物种，是沙坡头自然保护区生产力最高的生态系统类型之一，支撑着荒漠区的畜牧业、渔业，乃至农业，也为人们提供了可供游憩的良好场所。

针对保护区关键物种、关键生态系统以及周边社会经济特点，通过关键物种保护、植物园建设、物种迁移保护区和栖息地建设、物种人工养护和转移等方法与工程技术手段加强关键物种与生态系统保护。

11.4 生态脆弱区分区修复与保护

沙坡头自然保护区虽然地处荒漠地区，但由于人工和自然环境的复杂性，孕育了丰富的生物物种。由于景观斑块的自然分割和不连续性，保护区一旦受到强烈扰动，将会遭受毁灭性的灾难。根据沙坡头地带性特征 —— 荒漠—草原、沙漠—绿洲过渡地带以及气候变化对干旱半干旱区生态系统影响程度，可将各生态系统类型划分为不同敏感等级。湿地生态系统为高敏感区域，占保护区总面积的 7.21%；较高敏感区为荒漠草甸生态系统，占保护区总面积的 18.35%；中等敏感区域为荒漠裸地，占保护区总面积的 42.42%；较低敏感区域和低敏感区域分别为人工林生态系统、农田生态系统（27.60%）和建筑用地（4.42%），占保护区总面积的 32.02%。

根据生态系统敏感性分区，并结合降水、植被覆盖、热量、地形、道路与建设项目分布等，进一步可将保护区分成不同类型脆弱区。高脆弱区域约占保护区总面积的 19.31%，主要分布于保护区中心及西部地区，沿铁路线分布，植物分布以低覆盖植被及无植被覆盖为主，主要生态系统类型为荒漠草甸及荒漠裸地，受人为活动影响严重，脆弱性最高。较高脆弱区域占保护区总面积的 29.65%，该区主要分布于保护区中部、西部，植被盖度较低或无植被覆盖，以荒漠草甸、人工林、农田生态系统为主，受人为活动影响较重，脆弱性较高。中等脆弱区域广泛分布于保护区内，约占总面积的 26.01%，生态系统类型多样。较低脆弱区域（14.32%）和低脆弱区域（10.72%）约占保护区总面积的 25.04%，主要分布在保护区东部和东北部边缘地区，以人工林和农田生态系统为主。

总体上，植被恢复应以天然恢复为主，人工建植为辅，但同时也应根据各脆弱区实际采取不同策略进行修复或保护，如对于较低脆弱区域和低脆弱区域，除东部边缘分布区外，其他区域因远离人为活动影响而呈低脆弱性。东部边缘地区虽受人类活动影响较为明显，但由于植被覆盖较高、水热条件较好而呈低脆弱性，因此可通过提高植被覆盖率增强保护区应对各种变化的能力。对于高脆弱区域，其水分、热量、植被分布等差异极为明显，因此应充分考虑各因子的作用，制定有针对性的适应政策，从而促进保护区和谐发展。

11.5 约束与规范人类活动

随着城市化的发展及人口压力的持续增加，保护区各种人类活动有不断增多、影响不断扩大化趋势，应坚持保护区核心区与缓冲区严禁工业建设、自然资源开发、实验区合理进行适度旅游开发的原则，约束和规范企业和个人行为。在管理保护区内土地使用时需考虑政府、民众等各界的因素确定土地利用情况，扩大自然保护区管理局土地使用方面的权限。

11.6 提升保护区管理局生态建设和管理能力

宁夏中卫沙坡头国家级自然保护区管理局为全额拨款的事业单位，归属宁夏环境保护局领导，是以保护荒漠生态系统和珍稀濒危野生动植物物种及其栖息地为宗旨，集生物多样性保护、科研、宣教和生态旅游于一体的社会公益性事业单位。

保护区建立后，各级政府十分重视保护区的管理工作，从建立管理机构、调配工作人员、筹措管理经费等方面做了大量的工作，用于改善保护区基础设施条件，加强保护能力建设，提高巡护水平，有效保护生态与生物多样性，从而使保护区管理步入规范化轨道，各项设施逐渐完备。今后需进一步从保护区管护能力建设、财政投入、科研能力和宣教水平等方面提升保护区管理局应对生态退化的能力。

参考文献

[1] 郦龙飞，邵全琴，刘纪远. 近30年黄河源头土地覆被变化特征分析[J]. 地球信息科学学报，2011，12（3）：289-296.

[2] 曹文志，王磬基. 区域农业生态系统稳定性分析与评价的理论和方法[J]. 河南大学学报（自然科学版），1998，28（1）：70-75.

[3] 曾德慧，姜凤岐，范志平. 樟子松人工固沙林稳定性的研究[J]. 应用生态学报，1996，7（4）：337-343.

[4] 陈晋，陈云浩，何春阳等. 基于土地覆盖分类的植被覆盖率估算亚像元模型与应用[J]. 遥感学报，2001，5（6）：416-422.

[5] 陈久和. 城市边缘湿地生态环境脆弱性研究——以杭州西溪湿地为例[J]. 科技通报，2003，19（5）：385-398.

[6] 陈小娟，陈健飞. 基于ASTER遥感影像的亚热带植被覆盖度信息提取[J]. 测绘与空间地理信息，2008，31（5）：63-69.

[7] 陈效逑，王恒. 1982—2003年内蒙古植被带和植被覆盖度的时空变化[J]. 地理学报，2009，64（1）：84-94.

[8] 陈效逑，喻蓉. 1982—1999年我国东部暖温带植被生长季节的时空变化[J]. 地理学报，2007，62（1）：41-51.

[9] 陈亚宁. 干旱荒漠区生态系统与可持续管理[M]. 北京：科学出版社，2009：1-161.

[10] 陈云浩，李晓兵，史培军，等. 北京海淀区植被覆盖的遥感动态研究[J]. 植物生态学报，2001，25（5）：588-593.

[11] 程瑞梅，肖文发，李建文，等. 三峡库区森林植物多样性分析[J]. 应用生态学报，2002，13（1）：35-40.

[12] 党承林，王崇云，王宝荣，等. 植物群落的演替与稳定性[J]. 生态学杂志，2002，21（2）：30-35.

[13] 邓书斌. ENVI遥感图像处理方法[M]. 北京：科学出版社，2010：256-289.

[14] 范锦龙，李贵才，张艳. 阴山北麓农牧交错带植被变化及其对气候变化的响应[J]. 生态学杂志，2007，26（10）：1528-1532.

[15] 方燕鸿. 武夷山米槠、甜槠常绿阔叶林的物种组成及多样性分析[J]. 生物多样性，2005，13（2）：148-155.

[16] 冯耀宗. 人工生态系统稳定性概念及其指标[J]. 生态学杂志，2002，21（5）：58-60.

[17] 甘春英，王兮之，李保生，等. 连江流域近 18 年来植被覆盖度变化分析[J]. 地理科学，2011，31（8）：1019-1024.

[18] 江晓波，马泽忠，曾文蓉，等. 三峡地区土地利用/土地覆被变化及其驱动力分析[J]. 水土保持学报，2004，18（4）：109-113.

[19] 金钊，齐玉春，董云社. 干旱半干旱地区草原灌丛荒漠化及其生物地球化学循环[J]. 地理科学进展，2007，26（4）：23-32.

[20] 来婷婷. 宁夏中卫沙坡头国家级自然保护区景观变化及优化研究[D]. 兰州大学，2013.

[21] 李冰，葛世栋，徐田伟，等. 放牧强度对青藏高原高寒草甸净生态系统交换量的影响[J]. 草业科学，2014，31（7）：1203-1210.

[22] 李昌龙，王继和，孙坤，等. 民勤连古城自然保护区群落结构和物种多样性特征分析[J]. 西北植物学报，2006，26（11）：2338-2344.

[23] 李俊生，李果，吴晓莆，等. 陆地生态系统生物多样性评价技术研究[M]. 北京：中国环境科学出版社，2012：70-73.

[24] 李苗苗，吴炳方，颜长珍，等. 密云水库上游植被覆盖度的遥感估算[J]. 资源科学，2004，26：153-159.

[25] 李苗苗. 植被覆盖度的遥感估算方法研究[D]. 北京：中国科学院，2003.

[26] 李新荣，肖洪浪，刘立超，等. 腾格里沙漠沙坡头地区固沙植被对生物多样性恢复的长期影响[J]. 中国沙漠，2005，25（2）：173-181.

[27] 李新荣，张景光，刘立超，等. 我国干旱沙漠地区人工植被与环境演变过程中植物多样性的研究[J]. 植物生态学报，2000，24（3）：257-261.

[28] 李新荣. 干旱沙区土壤空间异质性变化对植被恢复的影响[J]. 中国科学 D 辑：地球科学，2005，35（4）：361-370.

[29] 李新旺，门明新，王树涛等. 基于过程的河北平原农田生态系统稳定性评价[J]. 自然资源学报，2008，23（3）：430-438.

[30] 李珍存. 基于遥感和 GIS 的中国西北植被动态研究[D]. 甘肃农业大学，2007.

[31] 刘栎杉，延军平，李双双. 2000—2009 年青海省植被覆盖时空变化特征[J]. 水土保持通报，2014，34（1）：263-267.

[32] 刘迺发，吴洪斌，郝耀明. 宁夏沙坡头国家级自然保护区二期综合科学考察[M]. 兰州：兰州大学出版社，2010：16-34.

[33] 刘志峰. 基于多源遥感数据的长白山地区植被动态变化研究[D].吉林：延边大学，2010.

[34] 卢宝明，邢韶华，崔国发，等. 北京山地植物群落的物种多样性比较[J]. 北京林业大学学报，2010，32（增刊 1）：36-44.

[35] 马斌，周志宇，张莉丽，等. 阿拉善左旗植物物种多样性空间分布特征[J]. 生态学报，2008，28（12）：6099-6106.

[36] 马风云. 生态系统稳定性若干问题研究评述[J]. 中国沙漠，2002，22（4）：401-407.

[37] 马娜，胡云锋，庄大方，等. 基于遥感和像元二分模型的内蒙古正蓝旗植被覆盖度格局和动态变化[J]. 地理科学，2012，32（2）：252-256.

[38] 穆少杰，李建龙，陈奕兆，等. 2001—2010 年内蒙古植被覆盖度时空变化特征[J]. 地理学报，2012，67（9）：1255-1268.

[39] 彭少麟. 广东亚热带森林群落的生态优势度[J]. 生态学报，1987，7（1）：36-42.

[40] 朴世龙，方精云. 最近 18 年来中国植被覆盖的动态变化[J]. 第四纪研究，2001，21（4）：294-302.

[41] 权维俊，郭文利，叶彩华，等. 基于 TM 卫星影像获取北京市水体密度指数与植被覆盖指数的方法[J]. 南京气象学院学报，2007，30（5）：610-616.

[42] 冉有华，李文君，陈贤章. TM 图像土地利用分类精度验证与评估——以定西县为例[J]. 遥感技术与应用，2003，18（2）：82-86.

[43] 任海，彭少鳞. 恢复生态学导论[M]. 北京：科学出版社，2001：10-12.

[44] 邵薇薇，杨大文，孙福宝，等. 黄土高原地区植被与水循环的关系[J]. 清华大学学报（自然科学版），2009，49（12）：1958-1962.

[45] 石莎. 沙坡头地区人工植被群落结构及动态[D]. 中央民族大学，2004.

[46] 孙雷刚，刘剑锋，徐全洪. 河北坝上地区植被覆盖变化遥感时空分析[J]. 国土资源遥感，2014，26（1）：167-172.

[47] 孙儒泳. 动物生态学原理（第三版）[M]. 北京：北京师范大学出版社，2001：360-378.

[48] 田亚平. 荒漠化概念中的“度”[J]. 中国沙漠，2003，23（6）：709-713.

[49] 王伯荪，彭少麟. 植被生态学[M]. 北京：中国环境科学出版社，1997.

[50] 王思远，张增祥，周全斌，等. 基于遥感与 GIS 技术的土地利用时空特征研究[J]. 遥感学报，2002，6（3）：223-228.

[51] 王忠静，王海峰，雷志栋. 干旱内陆河区绿洲稳定性分析[J]. 水利学报，2002，5：26-30.

[52] 王耀斌，冯起，司建华. 极旱干旱区额济纳绿洲稳定性综合评价研究[M].北京：科学出版社，2015.

[53] 魏斌，张安定，崔青春，等. 基于遥感的东营市植被覆盖动态变化研究[J]. 鲁东大学学报（自然科学版），2014，30（1）：69-72.

[54] 吴晓，朱彪，赵淑清，等. 东北地区阔叶红松林的群落结构及其物种多样性比较[J]. 生物多样性，2004，12（1）：174-181.

[55] 肖桐，王昌佐，冯敏，等. 2000—2011 年青海三江源地区草地覆盖度的动态变化特征[J]. 草地学报，2014，22（1）：39-45.

[56] 杨胜天，刘昌明，杨志峰，等. 南水北调西线调水工程区的自然生态环境评价[J]. 地理学报，2002，57（1）：11-18.

[57] 殷贺，李正国，王仰麟. 荒漠化评价研究进展 [J]. 植物生态学报，2011，35（3）：345-352.

[58] 张继义，赵哈林. 植被（植物群落）稳定性研究评述[J]. 生态学杂志，2003，22（4）：42-48.

[59] 张宪洲. 我国自然植被净第一性生产力的估算与分布[J]. 资源科学，1993，1：15-21.

[60] 赵宗慈. 模拟温室效应对我国气候变化的影响[J]. 气象，1989，15（3）：10-14.

[61] 周华坤，周立，赵新全，等. 青藏高原高寒草甸生态系统稳定性研究[J]. 科学通报，2006，51（1）：12-21.

[62] 周集中，马世骏. 生态系统稳定性[A] // 马世骏. 现代生态学透视[C]. 北京：科学出版社，1990：20-25.

[63] LY/T 1725—2008，自然保护区土地覆被类型划分[S]. 北京：国家林业局，2008.

[64] Archer S. Have southern Texas savannas been converted to woodlands in recent history[J]. American Naturalist，1989，134：545-561.

[65] Charley J L，West N E. Plant-induced soil chemical patterns in some shrub-dominated semi-desert ecosystems of Utah[J]. Journal of Ecology，1975，63：945-963.

[66] Chen X Q，Hu B，Yu R. Spatial and temporal variation of phenological growing season and

climate change impacts in temperate eastern China[J]. Global Change Biology，2005，11：1118-1130.

[67] Chapin F S，Shaver G R. Individualistic growth response of tundra plant species to environmental manipulation in the field[J]. Ecology，1985，66：564-576

[68] Choudhury B J. Relationships between vegetation indices，radiation absorption and net photosynthesis evaluated by a sensitivity analysis[J]. Remote Sensing of Environment，1987，22（2）：209-233.

[69] Crawford C S，Gosz J R. Desert ecosystems：Their resources in space and time[J]. Environmental Conservation，1982，9：181-195.

[70] Daniel Goodman. The theory of diversity-stability relationships in ecology[J]. The Quarterly Review of Biology，1975，50（3）：237-266.

[71] Defries R S，Townshend J R G. NDVI-derived land-cover classifications at a global -scale[J]. International Journal of Remote Sensing，1994，15（17）：3567-3586.

[72] DeAngelis D. L. Stability and connectance in food web models[J]. Ecology，1975，56：238-243

[73] Diane S. Srivastava. The role of conservation in expanding biodiversity research[J]. Oikos，2002，98：351-359

[74] Dyke J，McDonald-Gibson J，Paolo D E，et al. Increasing complexity can increase stability in a self-regulating ecosystem[J]. Artificial Life ECAL，2007，4648：123-132.

[75] Elton C S. The ecology of invasions by animals and plants[M]. London：Chapman and Hall. 1958：143-153.

[76] Fang J Y，Chen A P，Peng C H，et al. Changes in forest biomass carbon storage in China between 1949 and 1998[J]. Science，2001，292（5525）：2320-2322.

[77] Frank DA，McNaughton SJ. Stability Increases with Diversity in Plant Communities：Empirical Evidence from the 1988 Yellowstone Drought[J]. Oikos，1991，62（3）：360-362.

[78] Gardner M R，Ashby W R. Connectance of large dynamic（cybernetic）systems：critical values for stability[J]. Nature，1970，228（5273）：784.

[79] Gilpin M. E. Limit cycles in competition communities[J]. American Naturalist，1975，109：51-60

[80] Gillies P R，Kustas W P，Humes K S. A verification of the ‘triangle’ method for obtaining

surface soil water content and energy fiuxes from remote measurements of the Normalized difference vegetation Index（NDVI） and surface[J]. International Journal of Remote Sensing，1997（18）：3145-3166.

[81] Gordon H.，Orians Rodolfo Dirzo，Hall Cushman J. Ecological Studies，2002，122：11-22

[82] Grman E，Lau J A，Schoolmaster D R，et al. Mechanisms contributing to stability in ecosystem function depend on the environmental context[J]. Ecology Letters，2010，13（11）：1400-1410.

[83] Gutman G，Ignatov A. The derivation of the green vegetation fraction from NOAA/AVHRR data for use in numerical weather prediction models[J]. International Journal of Remote Sensing，1998，19（8）：1533-1543.

[84] Hook P B，Burke I J，Lauenroth W K. Heterogeneity of soil and plant N and C associated with individual plant sand openings in North American shortgrass steppe[J]. Plant and Soil，1991，138：247-256.

[85] Kawabata A，Ichii K，Yamaguchi Y. Global Monitoring of the interannual changes in vegetation activities using NDVI and its relationships to temperature and precipitation[J]. International Journal of Remote Sensing，2001，22（7）：1377-1382.

[86] Karieva P. Diversity begets productivity[J]. Nature，1994，368：686-687

[87] Karieva P. Diversity and sustainability on the prairie[J]. Nature，1996，379：673-675

[88] Kennedy A D，Biggs H，Zambatis N. Relationship between grass species richness and ecosystem stability in Kruger National Park，South Africa[J]. African Journal of Ecology，2003，41（2）：131-140.

[89] King A. W.，Pimm S. L. Complexity，diversity，and stability：a reconciliation of theoretical and empirical results[J]. American Naturalist，1983，122：229-239

[90] Leprieur C，Kerr Y H，Mastorchio S，et al. Monitoring vegetation cover across semi-arid regions：Comparison of remote observations from various scales[J]. International Journal of Remote Sensing，2000，21（2）：281-300.

[91] Leprieur C，Verstraete M M，Plnty B. Evaluation of the performance of various vegetation indices to retrieve vegetation cover from AVHRR data[J]. Remote Sensing Review，1994（10）：265-284.

[92] Lugo AE. More on exotic species[J]. Coserv Biol.，1992，6（1）：6-6.

[93] MacArthur R. Fluctuations of animal populations and a measure of community stability[J]. Ecology，1955，36（3）：533-536.

[94] Magurran A E. Ecological Diversity and Its Measurement[M]. Princeton：Princeton University Press，1988.

[95] MacGillivray C. W.，et al. Testing predictions of the resistance and resilience of vegetation subjected to extreme events[J]. Functional Ecology，1995，9：640-649

[96] May R. M. Stability and complexity in model ecosystems[M]. Princeton：Princeton University Press，1973

[97] May R M. Will a large complex system be stable[J]. Nature，1972，238（5364）：413-414.

[98] Mcnaughton S J. Diversity and stability of ecological communities：a comment on the role of empiricism in ecology[J]. American Naturalist，1977，111：515-525.

[99] Myneni R B，Hall F G，Sellers P J，et al. The interpretation of spectral vegetation indexes[J]. IEEE Transactions on Geoscience and Remote Sensing，1995，33（2）：481-486.

[100] Naeem S.，et al. Declining biodiversity can alter the performance of ecosystems[J]. Nature，1996，368：734-737

[101] Noy-Meir I. Desert ecosystem structure and function// Evenari M. Hot Deserts and Arid Shrublands[M]. Amsterdam：Elsevier Science，1985，93-103.

[102] Odum EP. The Properties of Agro-ecosystems , Agricultural Ecosystems[M].Wiley Interscience，1984.5- 12.

[103] Pimm S L，King A W. Complexity，Diversity，and Stability：A Reconciliation of Theoretical and Empirical Results[J]. American Naturalist，1983，122（2）：229-239.

[104] Purevdorj T S，Tateishi R，Ishiyama T. Relationships between percent vegetation cover and vegetation indices[J]. International Journal of Remote Sensing，1998，19（18）：3519-3535.

[105] Rapport D J，Whitford W G. How ecosystems respond to stress：common properties of arid and aquatic systems[J]. BioScience，1999，49（3）：193-202.

[106] Ringrose S，Matheson W，Wolski P，et al. Vegetation cover trends along the Botswana Kalahari transect[J]. Journal of Arid Environments，2003，54（2）：297-317.

[107] Schlesinger W H，Pilmanis A M. Plant-soil interactions in deserts[J]. Biogeochemistry，1998，42：169-187.

[108] Schlesinger W H，Raikes J A，Hartley A E，et al. On the spatial pattern of soil nutrients in desert ecosystems[J]. Ecology，1996，77：364-374.

[109] Schlesinger W H，Reynolds J F，Cunningham G L，et al. Biological feedbacks in global desertfication[J]. Science，1990，247：1043-1048.

[110] Schmidt H，Karnieli A. Analysis of the temporal and spatial vegetation patterns in a semi-arid environment observed by NOAA AVHRR imagery and speetral ground measurements[J]. Remote Sensing，2002，23（19）：3917-3990.

[111] Sellers P J，Los S O，Tucker C J，et al. A revised land surface parameterizaion（Sib2） for atmospheric gems. Part II：The generation of global fields of terrestrial biophysical parameters from satellite data[J]. Journal of climate，1996，9（4）：706-737.

[112] Steffen W. The IGBP Terrestrial transcets：Tools for resource management and global change research at the regional scale[M]. Gaborone：Directorate of Research and Development，University of Botswana，2000，1-11.

[113] Tilman D. Biodiversity：Population Versus Ecosystem Stability[J]. Ecology，1996，2：350-363.

[114] Tilman D，Downing JA. Biodiversity and stability in grasslands[J]. Nature International Weekly Journal of Science，1994，367（6461）：363-365.

[115] Tilman D，Reich P B，Knops J M，et al. Biodiversity and ecosystem stability in a decade-long grassland experiment[J]. Nature，2006，441（7093）：629-632.

[116] Titlyanova A A. Stability of grass ecosystems[J]. Contemporary Problems of Ecology，2009，2（2）：119-123.

[117] Tongway D J，Ludwig J A. Small-scale resource heterogeneity in semiarid landscapes[J]. Pacific Conservation Biology. 1994，1：201-208.

[118] Vitousek P M. Biological invasion and ecological process：towards an integration of population biology and ecosystem studies[J]. Oikos，1990，57（1）：7-13.

[119] Walker B H. Biodiversity and Ecological Redundancy[J]. Conservation Biology，1992，6（1）：18-23.

[120] Walker B. Conserving biological diversity through ecosystem resilience[J]. Conservation Biology，1995，9（4）：747-752.

[121] Williamson M，Fitter A. The varying success of invaders[J]. Ecology，1996，77（6）：

1661-1666.

[122] Zhao N，Wang Z W，Lv J Y，et al. Relationship between plant diversity and spatial stability of aboveground net primary productivity（ANPP） across different grassland ecosystems[J]. African Journal of Biotechnology，2010，9（40）：6708-6715.

[123] Zribi M，Le Hégarat-Mascle S，Taconet O，et al. Derivation of wild vegetation cover density in semi-arid regions：ERS2/SAR evaluation[J]. International Journal of Remote Sensing，2010，24（6）：1335-1352.